张英伯 主编

并不神秘

刘木兰 著

科学出版社

北京

内 容 简 介

本书是为中学生编写的科普读物, 主要讲什么是密码和信息安全, 目的是使大家了解密码并不神秘.

全书共分 7 章. 第 1 章介绍密码学的基本专业术语, 包括密码、密钥、密码体制、数字签名、身份识别等. 第 2 章是关于古典密码体制, 第 3 章和第 4 章分别讲述对称密码体制和公钥密码体制, 第 5 章的数字签名是互联网环境下信息安全的重要内容. 第 6 章的密钥共享属于信息安全中密钥管理部分. 最后一章的电子商务是希望读者了解怎样才能使得参与电子商务活动的买家和卖家的权益得到保障.

本书除了可使读者走近密码和信息安全之外, 一个 "副产品" 是使读者看到, 在中学学过的整数运算、带余除法、辗转相除法求最大公因子等这些初等数学知识是多么有用.

图书在版编目 (CIP) 数据

密码并不神秘/刘木兰著. —北京: 科学出版社, 2011.6
(美妙数学花园)
ISBN 978-7-03-031534-2

Ⅰ. ①密… Ⅱ. ①刘… Ⅲ. ①密码–普及读物 Ⅳ. ①TN918.2–49

中国版本图书馆 CIP 数据核字 (2011) 第 113435 号

责任编辑: 陈玉琢 / 责任校对: 赵桂芬
责任印制: 赵 博 / 封面设计: 王 浩

科学出版社 出版
北京东黄城根北街 16 号
邮政编码: 100717
http://www.sciencep.com

天津市新科印刷有限公司印刷
科学出版社发行 各地新华书店经销

*

2011 年 6 月第 一 版 开本: 720×1000 1/16
2025 年 2 月第八次印刷 印张: 10 1/4
字数: 77 000

定价: 58.00 元
(如有印装质量问题, 我社负责调换)

《美妙数学花园》丛书序

今天,人类社会已经从渔猎时代、农耕时代、工业时代,发展到信息时代.科学技术的巨大成就,为人类带来了丰富的物质财富和越来越美好的生活.而信息时代高度发达的科学技术的基础,本质上是数学科学.

自从人类社会建立了现行的学校教育体制,语文和数学就是中小学两门最主要的课程.如果说文学因为民族的差异各个国家之间有很大的不同,那么数学在世界上所有的国家都是一致的,仅有教学深浅、课本编排的不同.

我国在清末民初时期西学东渐,逐步从私塾科举过渡到现代的学校教育,一直十分重视数学.中华民族的有识之士从清朝与近代科技完全隔绝的情况下起步,迅速学习了西方的科学文化.在 20 世纪前半叶短短的几十年间,在我们自己的小学、中学、大学毕业,然后留学欧美的学生当中,不仅产生了一批社会科学方面的

大师,而且产生了数学、物理学等自然科学领域对学科发展做出了重大贡献的享誉世界的科学家. 他们的成就表明,有着五千年灿烂文化的中华民族是有能力在科学技术领域达到世界先进水平的.

在 20 世纪五六十年代,为了选拔和培养拔尖的数学人才,华罗庚与当时中国的许多知名数学家一道,学习苏联的经验,提倡和组织了数学竞赛. 数学家们为中学生举办了专题讲座,并且在讲座的基础上出版了一套面向中学生的《数学小丛书》. 当年爱好数学的中学生十分喜爱这套丛书. 在经历过那个时代的科学院院士和各个大学的数学教授当中,几乎所有的人都读过这套丛书.

诚然,我国目前的数学竞赛和数学教育由于体制的问题备遭诟病. 但是我们相信,成长在信息时代的今天的中学生,会有更多的孩子热爱数学;置身于社会转型时期的中学里,会有更多的数学教师渴望培养出优秀的科技人才.

数学家能够为中学生和中学教师做些什么呢？数学本身是美好的,就像一个美丽的花园. 这个花园很大,

我们并不能走遍她, 完全地了解她. 但是我们仍然愿意
将自己心目中美好的数学, 将我们对数学的点滴领悟,
写给喜爱数学的中学生和数学老师们.

张英伯

2011 年 5 月

前　言

如今,"密码"这一词想必大家已不陌生了.然而,除专业书籍以外,许多书报和媒体关于密码的介绍往往是通过与它相关的历史事件,突出了它的神秘感,乃至出现了"紫色密码"、"罪恶密码"、"达芬奇密码"、"蝴蝶密码"等设法与密码沾亲的文艺作品.本书的目的是想告诉大家,密码并不神秘.我们和大家一起走近密码看一看:到底什么是密码? 它的奥妙何在? 现代密码的特点是什么? 本书立足于使具有中学数学知识的读者可以了解密码,以及对密码有兴趣的读者可以通过进一步的学习走入密码.另一方面,由于信息安全与大众生活息息相关,同时信息安全和密码密不可分,因此,在走近密码的同时,也看看信息安全的一些相关内容,如数字签名、密钥共享、电子商务等.

密码学是一门既古老又年轻的学科,它有自己发生和发展的历史、特有的发展规律和所需要的基础知识.密码学的历史最早可追溯到四千多年前.当时,在尼罗

河畔的古埃及,有些墓碑上刻的铭文是用一些奇怪的象形符号表示的. 这些铭文具备了两个性质:文字书写的有意变形和变化后达到某种程度的秘密性. 这两个性质正是密码的两个要素. 在两千多年前,古代文明大国美索不达米亚的碑文上已出现了直接采用将人名变换成数字的密文. 在我国,三国时期已经使用"暗语"(参见明朝蒋葵所著的《尧山堂外记》); 在 11 世纪已经出现了军用密码本 (参见《武经总要》). 关于西方近代的密码史,《破译者》一书中有详细讲述. 在文艺复兴时期的欧洲,密码得到了比较广泛的应用. 16 世纪末期,大多数欧洲国家已设立了专职掌管密码的秘书,重要的文件都采用密写. 18 世纪,各国普遍建立了破译密码的专门机构,称之为"黑屋". 设在维也纳的"黑屋"就曾破译过拿破仑的信件. 在第一次世界大战期间,英国破译机构"四十号房间"的密码破译工作在战争中起到了重要作用. 它自 1914 年 10 月至 1919 年截取和破译了 15000 份德国密码电报. 但是总的来说,密码的最初发展阶段是非常缓慢的.

在电报发明之前,保密的通信主要靠信使,密码的主要形式是文字替换. 例如,密码本就是将具体替换——

列出来的一个大的替换表.密码的加密与解密和密码的破译主要是靠用笔和纸的手工操作.1844 年电报的发明和 1895 年无线电的诞生,引起了通信技术的一场革命.通信技术在战争中的使用促使密码学进入迅速发展阶段. 在第二次世界大战期间,手工加密和解密已不能应对电报和无线电发出的大量电文,于是出现了使用机械进行加密和解密的密码机.日本的高级加密密码机 "九七式欧文打字机",美国人称之为 "紫密",就是典型的机械密码机.在电视剧《对手》中要破译的密码就是指 "紫密" 密码.破译人员用手工操作和经验已不能应对机械加密,数学成为密码分析的有利工具. 当时,美国就聘请出色的数学家作密码分析人员. 第二次世界大战期间,密码工作者创造了密码史上值得大书特书的精彩篇章.特别值得一提的是,1943 年 4 月,美国的密码学家破译了关于日本联合舰队长官山本五十六视察前线基地的电文. 根据破译的电文,在 1943 年 4 月 18 日,美国派出的飞行员在完全预定的时间和地点对山本五十六的座机截击成功. 情报的破译影响了战争的进程,减少了人员的伤亡. 这段历史在《破译者》一书中有详细的记载.事实上,对于第二次世界大战的胜利,中国的密码学家

也做出了很大贡献.

20世纪40年代末,美国的克劳德·埃尔伍德·香农 (Claude Elwood Shannon) 创立了一个著名的新理论——保密系统的通信理论,第一次从理论上确切地阐明了密码分析的可能性. 在这之前,密码学是建立在经验和实验上的,是一门实验科学. 香农的理论将密码编码学和密码分析学置于坚实的数学基础之上,从根本上推动了密码学理论的发展. 20世纪60年代,微电子学的发展使得理论上有效但比较复杂的加密算法可以通过电子设备快速实现,而计算机的使用使得密码分析者大有可为.

1976年,两个年轻人棣菲 (W. Diffie) 和赫尔曼 (M. Hellman) 提出了公钥密码的概念. 公钥密码与60年代以前使用的密码具有完全不同的思路,导致了密码学的一场革命,并使得密码在商业领域的广泛应用成为可能. 公钥密码不只用于加密,它很大的一个优势是可用于数字环境下的签名和身份认证,可以说,它支撑了互联网上电子商务系统的数字签名和身份认证的功能. 公钥密码学是现代密码学的一个主要内容.

信息安全是本书的一个重要内容. 姑且不谈信息安全关乎国家安全和国民经济的发展,实际上,它已与

人们的生活息息相关.它不仅涉及个人财产安全,而且涉及个人隐私保护.信息安全的重要性在今天是众所周知的,但是如何才能保障信息安全是一个非常复杂的问题.它涉及人们掌握的知识、技术、人力、财力、软硬件环境,大到国家、政治等.事实上,信息安全是一门年轻的学科.一方面,它与密码学密不可分,同时它又有自己特有的研究目标和对象.什么是信息安全?学术界对这个问题至今还没有一个公认的定义或答案,我们把这个问题留给专业人员去讨论.但是它的基本内容可以简单归结为:信息安全就是研究如何保证敏感信息或消息在公开信道上安全传输.这一句话中包括了三个内容:敏感信息、公开信道、保证安全传输.公开信道包括无线通信、有线通信和互联网通信所用的信道.信道是公开的就意味着谁都可以使用,因此,在公开信道上传输的信息就等于信息公开.例如,天气预报、股票价格、机场航班信息等,这些信息本来就是完全公开的,因此,可以直接在公开信道上传输.但是诸如公司的新技术材料、银行私人账号、电子现金转移,乃至个人病历和法庭记录等,除发送方和接收方之外,不希望第三方能得到这些信息,称之为敏感信息.涉及国家政治、经济、军

事等方面的内部重要信息的传输不是本书要讲的内容.
一般来说, 敏感信息的泄露会给通信双方带来很大损失,
因此, 不能直接在公开信道上传输. 但是, 如果使用专用
信道则因通信成本太高而不现实. 一个自然的想法就是
使用密码将要传输的敏感信息加密后传给接收方, 接收
方收到后, 能够进行解密和得到原始信息, 而第三方从
公开信道上得到加密后的信息, 他不能解密, 从而得不
到原始信息, 于是通信双方通过加密、解密达到安全传
输的目的. 这里的关键问题是如何保障第三方不可能从
加密后的信息取得原始信息. 例如, 一个计算机用户为
防止在电脑中存放的信息被别人窃取, 他设置了密码口
令. 对一般非专业人员来说, 很难拿到他的密码口令, 但
是对于某些电脑高手或专业人士而言, 可能很快破解出
他的密码口令. 因此, 对 "安全" 要有一个合理的, 即符合
实际情况且又有理论根据的提法. 在讨论安全性时, 对
第三方或攻击方的能力要有充分的估计. 攻击者的能力
与他掌握的知识和技术密切相关. 在古代, 加密的方法
往往很简单, 但同时攻击者的能力也很差, 因此, 简单的
加密方法还是相当安全的. 在今天, 攻击者可使用计算
机和互联网, 具有很强的计算能力, 并掌握很深的数学

及相关学科知识,具有很强的攻击能力,显见,简单的加密在今天肯定是不安全的.但是,复杂的加密方法也不一定能保证安全.因此,必须研究什么样的加密方法或算法在什么样的条件下是安全的.由此可见,密码学是信息安全的核心.另一方面,接收者如何能拿到完整的(即没有任何丢失的)和正确的(即没有被篡改过的)信息是信息安全工作者要解决的问题.与此同时,注意到随着通信技术、计算机和互联网的迅速发展和广泛使用,每天都有海量的信息在互联网上传输(海量信息是指以 T 为单位的信息量, 1T=1024G, 而 1G=1024M),其中不乏有大量涉及政治、经济、金融、商业及个人隐私的敏感信息.要使大量的敏感信息通过加密的方法达到安全传输,必须满足高效的要求,人们没有耐心在电脑前长时间等待.因此,安全与效率必须同时考虑.此外,成本因素是不可忽视的.

信息安全有丰富的内容,包括防火墙、病毒、入侵检测等.但是,鉴于本书的篇幅及主旨,在本书中只讲述信息安全的基本内容,如数字签名等.

本书的顺序是按密码学发展的进程安排的.第 1 章密码学术语和基本概念是全书的基础部分,是了解密码

和信息安全必读的部分,它起到密码和信息安全核心内容的小字典的作用. 第 2 章古典密码体制,主要是通过简单的例子分析,使读者对密码有一些感性的认识. 第 3 章对称密码体制,这是自 20 世纪五六十年代至今仍使用的一种重要的密码体制. 第 4, 5 章,公钥密码体制及其应用,讲述公钥密码体制基本原理,进而将公钥密码体制用于数字签名、身份识别和密钥交换. 第 6 章密钥共享,属于密钥管理的重要内容,而且在信息安全领域中被广泛应用. 最后一章介绍与现代人密切相关的电子商务的基本原理和框架. 看第 4~6 章的内容时,最好先浏览一下附录. 在附录中,重点讲述辗转相除法和公钥密码所需要的原根和指数的基本概念. 虽然在中学就学过辗转相除法,但是能够完整透彻地了解它还要花些力气. 在附录中,给出了该算法的框图和例子.

阅读本书有两种选择,一是按章节的顺序阅读,二是对电子商务感兴趣的读者可在读完第 1 章后直接读第 4~7 章. 对密码专业感兴趣的人,施奈尔的《应用密码学》是一本权威之作. 对西方密码学历史感兴趣的读者,《破译者》是一本内容丰富的参考书.

最后,作者在此衷心地感谢对本书的出版给予支持

和帮助的各位专家和同仁,感谢张志芳博士对本书初稿
提出的宝贵意见和建议.

作 者

2011 年 4 月于北京

目 录

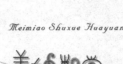

第1章 ···

密码学术语和基本概念

要了解密码学,首先要与它有共同语言.为此,先讲密码学的基本术语,同时介绍相关的基本概念.

1.1 保 密 通 信

密码学的产生和发展是由于保密通信的需要.因此,先了解什么是保密通信.

保密通信,简单地说,就是通信双方 (称为**发送方** (或发方、发送者) 和**接收方** (或收方、接受者)) 在进行通信时,将其通信的真实内容(称为**原始信息**) 隐蔽起来,使得第三方 (也称为**窃听方**或**敌方**) 不能从窃听和截取的信息中得到原始信息及篡改后重发,合法的接收方可从收到的信息中得到原始信息.篡改是指窃听方不但有办法得到原始信息,他还能将通信内容篡改后冒充原始信息,应用同样的隐蔽方法,发送给接收方,以至使接收方收到错误的信息.例如,发方将原始信息 "2010 年 4 月

5 日发货"隐蔽为 "2010 年 5 月 6 日发货"后发给收方.
收方知道隐蔽办法,故而可得到原始信息.但是,窃听方
将隐蔽信息篡改为 "2010 年 6 月 5 日发货"发送给收方,
于是收方最后恢复的信息是 "2010 年 5 月 4 日发货"的
错误信息.这可能造成很大的经济损失.

  为解决在通信中被窃听和截取及被篡改的问题,通
信双方需要将原始的通信内容通过适当的变化隐蔽起
来,使得变化后的通信内容只有合法的接收方才有办法
得到变化前的原始信息,而窃听方即使得到通信内容也
没有办法得到原始信息.变化的方法有许多种,如用暗
语或代码作替换、打乱读写顺序、进行随机化处理等.
变化的确切描述是数学中使用的变换.变换可用公式、
图表或其他方式给出.要求变换具有如下性质:逆变换
存在、利用逆变换可恢复出原始信息.合法的接收方知
道逆变换,因此,可以恢复出原始信息.同时,要求其他
人都很难恢复出原始信息.刚才的例子中给出的变换,
即隐蔽方法,是将月数和日数都加 1,非常简单.当通信
数量较多时,容易被窃听者识别和篡改.因此,在保密通
信中寻找满足条件的变换是关键.

在密码学中, 将原始信息称为**明文**或**消息**; 将隐蔽明文的变换方法称为**加密**; 明文加密后得到的信息称为**密文**; 收方由密文恢复出明文的方法称为**解密**或**脱密**; 窃听方从通信的信道得到密文, 他虽然不知道解密的方法, 但他千方百计地寻找明文, 这个过程称为**进行破译**; 窃听方最终由密文得到了明文, 称为**破译成功**, 这时常说 "破了"; **攻击**是指找加密方法的漏洞, 如果能从他掌握的信息中得到部分关键的、有用的原始信息, 则说**攻击成功**. 破译成功比攻击成功要难得多. 最完美的攻击就是破译成功. 好的加密方法即使被攻击成功也非常困难.

例 1.1 A 要将他的账号, 即明文, 1011001001, 通过互联网发给 B. 为了保密, A 在互联网上不直接发送出他的账号, 而是先将其加密. 加密的方法是 0 用 1 替换, 1 用 0 替换. 明文 1011001001 加密后的密文为 0100110110. A 将密文 0100110110 通过互联网发送给 B. B 收到密文后, 将其解密. 解密的方法是 1 用 0 替换, 0 用 1 替换. 用此法, 由密文恢复出原始账号 1011001001.

显见, 这个加密方法并不好. 这里只是用此例说明加密的含义. 如何评价一个加密方法的好坏是密码学中一

个核心的研究课题.

1.2 密 码

"密码"这一名词,似乎大家都很熟悉.人们日常使用的各种卡大都设置密码.但从专业角度看,它只是一个认证口令.密码是英文 cryptography 的译名,英文 cryptography 来自于希腊文的 kryptos 和 graphein,前者的意思是隐写,后者的意思是图示.在密码学中,**密码**是指**密码算法**,它由**加密算法**和**解密算法**组成.这里使用加密算法和解密算法,而不使用加密方法和解密方法,原因是方法都是通过算法实现的,用算法比较确切.例如,密码本就是一个替换算法,它是将需要的具体替换一一列出.它的解密算法和加密算法相同,由同一个密码本给出.算法可以理解为函数或变换.常用 m 表示消息,即明文,E 表示加密算法,D 表示解密算法,$E(m)$ 表示用加密算法 E 作用到明文 m 上,即用 E 对 m 作变换,得到密文 $c = E(m)$.$D(c)$ 表示解密算法 D 作用到密文 c 上,应有 $D(c) = D(E(m)) = m$,即恢复出明文 m.

例 1.2 单表替换密码算法,是针对 26 个英文字母的一种替换算法.

加密方法：先将英文字母按照字母顺序排序, 然后将每个英文字母用它后面的第 3 个字母代替, 用 $E = T_3$ 表示, $T_3(a) = d$, $T_3(b) = e$, $\cdots$.

解密方法：将每个字母用它前面的第 3 个字母代替, 用 $D = T_{-3}$ 表示, $D_{-3}(a) = x$, $D_{-3}(b) = y$, $D_{-3}(c) = z$, $D_{-3}(d) = a$, $\cdots$.

该方法用明密文替换表 1.1 表示.

表 1.1

明文	a b c d e f g h i j k l m n o p q r s t u v w x y z
密文	d e f g h i j k l m n o p q r s t u v w x y z a b c

例如, 明文 students 按表 1.1 进行替换, 得到密文 vwxghqwv. 要想恢复明文, 即解密, 将密文用表 1.1 中对应的明文进行替换, 就得到明文 students. 早在古罗马帝国时期, 凯撒就使用单表替换密码算法进行保密通信了. 单表替换密码算法的本质就是移位替换. 表 1.1 是移了 3 位替换, 当然还可设计移 5 位替换、移 8 位替换等.

注意：并不是加密就能保证安全, 安全与否取决于算法的好坏, 专业用语是算法的安全强度. 不难看出, 例 1.2 所采用的加密算法就不太好, 因为当密文量足够多时, 就容易找出加密的规律, 后面将给出一个例子来

说明. 一般来说, 加密的方法越简单, 所得到的密文越有规律, 或者说, 由密文泄露出明文的信息越多, 就越容易破译. 但是, 加密的方法复杂也并不能保证破译就困难, 密码学家一直在研究如何评价密码算法的好坏, 密文具有什么性质可能使得破译困难. 密码一旦被破译就表明该密码算法失败, 这就迫使加密者去寻求更好的、有效的加密算法 (这里要注意: 加密算法与解密算法是要同时给出的). 一个更好的加密算法当然给破译者带来更多的麻烦与困难. 于是密码学在加密与破译的斗争中成长与发展起来, 至今仍是如此.

保密通信的过程可用图 1.1 表示.

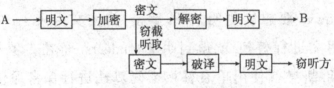

图 1.1 保密通信过程

保密通信中有两个方面, 一方面是提供通信的保密方法, 即加密算法和解密算法, 使得窃听方很难破译, 同时要求算法高速、高效和低成本; 另一方面是窃听方对截取的密文信息千方百计地进行破译或攻击, 以得到有用的明文信息, 同时降低破译成本. 前者称为**密码编码**

学,简称为**编码学**;后者称为**密码分析学**或**密码破译**,这两方面结合起来构成**密码学**.密码编码学和密码分析学是一对孪生科学,或称为互逆科学.保密通信的需要刺激了密码学的发展,有线电报产生了密码编码学,也就是消息或信息的加密;无线电技术产生了密码分析学,即密码破译.

1.3 密 钥

通常,人们会认为,密码算法的保密性是基于保持算法本身的秘密,加密和解密的算法是不能公开的.实际上,这种算法被称为**受限制的算法**.如果长期使用的算法是受限制的,则窃听方就可能收集到大量密文,而后进行密码分析和有效的攻击.例如,表1.1决定的单表密码算法就是受限制的算法,现在已不能用了.另一方面,在全球信息化的大环境下,使用密码的用户已非常庞大,但是实现一个算法的成本很高,算法设计、算法实现、安全性论证等需要密码学家、工程技术人员做大量工作和投入大量财力,因此,每两个用户之间拥有一个算法也不现实.通常是一个用户群使用同一个算法.但是,如果有一个用户离开或泄密,则算法就不能继续使用了, 这将给其他用户造成很大的损失. 为了解决受限制的问题, 密码学家引进了 "密钥" 这一概念.

密钥是指在密码算法中引进的控制参数, 对一个算法采用不同的参数值, 其加密效果就不同. 加密算法的控制参数称为**加密密钥**, 解密算法的控制参数称为**解密密钥**. 由于加密算法和解密算法可以不同, 当然控制参数也可以不同. 即使控制参数相同, 控制参数的取值也可以不同. 密钥的取值空间要求非常大, 通常达到天文数字. 在现代密码体制中, 要求在密码算法公开的前提下, 密码体制是安全的. 对于攻击者而言, 总是假设他们知道算法, 不知道密钥. 一个密码体制的保密依赖于在通信中选择的密钥的保密. 密钥是需要定期更换的, 如密钥可一月一换, 或一天一换, 或一次一换, 这要根据具体情况而定. 密钥的改变比算法的改变要容易得多, 特别是对于商用密码体制, 一个用户群可采用同一个算法不同密钥. 密钥的一个简单的例子是多表替换算法 (表 1.2). 在表 1.2 中有 26 个替换表, 一旦确定了 a 用哪个字母替换, 就用相应的替换表. 例如, 字母 a 用 b 替换, 就采用表 2 ($t = 1$) 给出的字母替换算法; 字母 a 用 f 替换, 就采用表 6 ($t = 5$) 给出的替换算法; 依此类推. 用 T 表示替换算法, t 表示表中替换行所在的位置. 如果 $t=1$, 则表示用表 2 所给出的替换; $t=2$, 表示用表 3 所给出的替换; 依此类推. $T(t)$ 表示替换表中第 $t+1$ 行所决定的替换算法. 显然, t 就是 T 的控制参数, 也就是该算法的加密密钥. 解密算法用 $T'(t)$ 表示, $T'(t)=T(26-t)$, 这表明加密算法与解密算法相同, 但解密密钥与加密密钥的取值不同. 例如, 在加密时取 $t=1$, 即使用表 2, 则在解密时, 应取 $t=26-1=25$, 使用表 26. 一般来说, 加密算法与解密算法并不要求相同.

表 1.2 多表替换密码算法

	明　文	abcdefghijklmnopqrstuvwxyz
密	表 1 ($t=0$)	abcdefghijklmnopqrstuvwxyz
	表 2 ($t=1$)	bcdefghijklmnopqrstuvwxyza
	表 3 ($t=2$)	cdefghijklmnopqrstuvwxyzab
	表 4 ($t=3$)	defghijklmnopqrstuvwxyzabc
	表 5 ($t=4$)	efghijklmnopqrstuvwxyzabcd
	表 6 ($t=5$)	fghijklmnopqrstuvwxyzabcde
文	表 7 ($t=6$)	ghijklmnopqrstuvwxyzabcdef
	表 8 ($t=7$)	hijklmnopqrstuvwxyzabcdefg
	表 9 ($t=8$)	ijklmnopqrstuvwxyzabcdefgh
	表 10 ($t=9$)	jklmnopqrstuvwxyzabcdefghi

9

续表

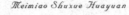

	明文	a b c d e f g h i j k l m n o p q r s t u v w x y z
密文	表 11($t=10$)	k l m n o p q r s t u v w x y z a b c d e f g h i j
	表 12($t=11$)	l m n o p q r s t u v w x y z a b c d e f g h i j k
	表 13($t=12$)	m n o p q r s t u v w x y z a b c d e f g h i j k l
	表 14($t=13$)	n o p q r s t u v w x y z a b c d e f g h i j k l m
	表 15($t=14$)	o p q r s t u v w x y z a b c d e f g h i j k l m n
	表 16($t=15$)	p q r s t u v w x y z a b c d e f g h i j k l m n o
	表 17($t=16$)	q r s t u v w x y z a b c d e f g h i j k l m n o p
	表 18($t=17$)	r s t u v w x y z a b c d e f g h i j k l m n o p q
	表 19($t=18$)	s t u v w x y z a b c d e f g h i j k l m n o p q r
	表 20($t=19$)	t u v w x y z a b c d e f g h i j k l m n o p q r s
	表 21($t=20$)	u v w x y z a b c d e f g h i j k l m n o p q r s t
	表 22($t=21$)	v w x y z a b c d e f g h i j k l m n o p q r s t u
	表 23($t=22$)	w x y z a b c d e f g h i j k l m n o p q r s t u v
	表 24($t=23$)	x y z a b c d e f g h i j k l m n o p q r s t u v w
	表 25($t=24$)	y z a b c d e f g h i j k l m n o p q r s t u v w x
	表 26($t=25$)	z a b c d e f g h i j k l m n o p q r s t u v w x y

密钥分为两类，一类是**对称密钥**，它的特点是加密密钥和解密密钥相同，或解密密钥可以由加密密钥很容易地推出，如前面讲的单表替换和多表替换中的密钥都是对称密钥；另一类密钥是**非对称密钥**，它的加密密钥

和解密密钥不但不同,而且要求由加密密钥推出解密密钥是非常困难的. 这里的 "困难" 是指即使理论上存在算法,但是使用目前世界上所有的计算资源也不能将算法执行完成后得到解密密钥. 后面要讲的公钥算法的密钥就是非对称密钥. 具有对称密钥的密码算法称为对称密码算法,具有非对称密钥的密码算法称为非对称密码算法,而密码分析学是在不知道密钥的情况下想办法恢复出明文的科学.

1.4　密码体制

密码体制,也称为密码系统,是指密码算法及所有明文、密文、密钥和实现这个算法的一套设备. 图 1.2 是现代密码体制的简单框图.

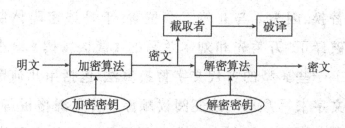

图 1.2　现代密码体制

由于密码算法决定密码体制,有时将密码体制和密

码算法不加区分.

　　根据密码学的发展历史和算法的实现方式,密码体制分为**古典密码体制**和**现代密码体制**.这里,"现代"是指电子时代.古典密码体制又分为**文字替换密码体制**和**机械密码体制**.文字替换密码体制是基于手工操作实现的密码体制.这类密码体制在有一定量的密文信息后就可破译.例如,例1.2中使用单表密码体制进行的加密,当窃听方得到了足够多的密文后,就可对其密文中字母出现的次数进行统计分析,发现字母h出现的次数明显高于其他字母.于是根据英文字母在一般文章中出现频率的稳定性,即每个字母在一篇不太短的文章中出现的百分比的变化是不大的,以及字母e出现的频率最高,可以断定,字母h就是字母e的密文.若窃听方知道加密是用单表替换表,就推出每个字母是用其后的第3个字母替换,因为e与h差三个位置.于是该密码体制就完全破译了.万哲先和刘木兰写的《谈谈密码》一书中给出了一些典型的古代文字替换算法,包括用几何图案改变文字书写顺序、改变阅读顺序、使用漏格板等.机械密码体制是用机械或电气机械操作实现的密码体制.在第二次世界大战前后,使用的是机械密码体制,这在

后面会有简单的介绍. 用电子设备实现的密码体制称为现代密码体制, 它是自 20 世纪五六十年代以来使用的密码体制. 随着量子技术和量子计算的快速发展, 也许在不远的将来, 人们将使用量子密码体制.

基于算法或密钥的密码体制有两类, 一是**对称密码体制**, 它具有对称密码算法或说有对称密钥, 也被称为**单钥密码体制或私钥密码体制**; 另一类是**非对称密码体制**, 它具有非对称密码算法或说有非对称密钥, 也被称为**双钥密码体制或公钥密码体制**. 理论上, 所有密码算法, 除一次一密 (每发送一次消息选一次密钥) 外都可以破译. 但是, 理论上的可以破译不等于实际中可以破译, 因为实际中的破译要求有一个可执行的和在不太长的时间内可完成的破译算法. 例如, 已经知道, 每个正整数都可以分解成素数的积, 但对于 200 位以上的大整数, 至今还没有大整数分解的实用上有效的算法.

基于加密的方式, 现代密码体制中对称密码体制的代表是**流密码体制** (也称为**序列密码体制**) 和**分组密码体制**. 流密码体制的特点是将信息逐比特加密, 分组密码体制是将信息分组加密. 非对称密码体制是现代密码体制独有的. 密码体制的分类可用图 1.3 表示.

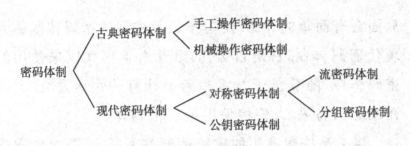

图 1.3　密码体制的分类

　　这里需要说明的是,人们根据密钥特点,往往将对称密码体制归为古典密码体制,现代密码体制只指公钥密码体制.图 1.3 所示的分类是根据实现密码体制的技术是手工的、机械的,还是电子的给出的.

　　图 1.3 中所示的古典密码体制都是对称密码体制.然而,古典密码体制现在已经不用了,因为它们应付不了巨量信息的快速加密.在这里,特别要提醒的是,现在所谈的密码是指基于计算机、互联网及上千万用户的环境,因此,密码体制的效率和成本是必须考虑的.根据在计算机前能够容忍的等待时间就可以理解效率的至关重要性,进而低成本是密码可使用的前提.试想,每笔网上支付都要交高额手续费,你还会用吗?当然,安全性的要求是第一位的.

1.5　信息数字化

不管是密码还是信息安全,处理的都是数字信息.数字信息可以高速传输和加工,因此,人们将各种信息,包括文字、图形,乃至视频都转化成数字形式的信息,即数字信息.由于在通信中使用微电子技术和微电子学中的物理量通常分为两种状态,所以人们用 {0,1} 对信息进行编码,将信息表示成 0 和 1 的串,即信息数字化.例如,可用 32 个长为 5 的由 0 和 1 组成的二元组对英文字母及标点符号进行编码.具体编码如表 1.3 所示,其中 "—" 表示空格,"/" 表示字母与数字之间的转换 (数字可单独编码), "@" 表示空行, "." 表示句号, "," 表示逗号, "?" 表示问号.例如,用表 1.3 对传送的信息 "good morning" 进行编码,得到

0101100011000111001000100001110001101010100011
0011000011001011.

如果将数字和字母一起编码,则可用 64 $(64 = 2^6)$ 个由 0 和 1 组成的长为 6 的二元组,即集合 $\{a_1a_2a_3a_4a_5a_6 | a_i = 0$ 或 $1, 1 \leqslant i \leqslant 6\}$ 来表示 (如果用不到 64 种情形,则多余的二元组不用就行了).当然,可以设计不同的编码方

法. 实际上, 自电报出现后, 就已经开始了对信息进行数字编码或数字化. 今天, 在互联网上传输的信息都是数字信息, 包括数字化的文本文件、图形、数字化的语音序列或数字化的视频图像等. 将原始信息编码成数字信息的方法是有统一的编码规范的. GB2312-80 是中文的文字编码规范.

表 1.3　编码表

字母	编码	字母	编码	字母	编码	字母	编码
A	11000	I	01100	Q	11101	Y	10101
B	10011	J	11010	R	01010	Z	10001
C	01110	K	11110	S	10100	—	00100
D	10010	L	01001	T	01101	/	01000
E	10000	M	00111	U	11100	@	00010
F	10110	N	00110	V	01111	·	11011
G	01011	O	00011	W	11001	?	00000
H	00101	P	01101	X	00001	,	11111

原始信息, 也称为**消息**, 是以文字、图片、视频等形式出现的. 明文或明文序列是指消息编码后的 0, 1 二元序列. 通常, 将消息和它编码后的明文不加区分.

1.6 数 字 签 名

消息加密是信息安全的重要部分,但它并不是信息安全的全部.例如,由 A 发送给 B 一个消息,这个消息本身并不需要保密,在乎的是这个消息是否是由 A 发送出来的,并且如果 B 收到消息后抵赖说没有收到,则 A 如何判断 B 是不诚实的,这些也是信息安全要解决的问题.在现实生活中,上面的问题解决起来比较容易.例如,A 到银行存一张支票,支票本身的内容不需要保密,银行职员只需确认该支票是 A 存的,这点可以通过要求 A 在支票上签名来保证.另一方面,由于 A 当面交给银行支票,银行收到支票后否认是不可能的,因为银行当时就得将该支票存入 A 的账户,该账户马上可以显示出变化.取款时,在取款单据上除 A 的账号外,还要有 A 的签名.银行职员通过核实该签名与存款时的签名是否一致来确定取款者身份是否合法.

在现实生活中,签名行为在许多场合都是需要的,如在文件上签名、在住房合同上签名、收到特快专递时签名等.由于每个人的签名是不同的,故可以把每个人与他的签名对应起来.但是,伪造签名有时并不困难,因

为细微的差别用肉眼不易辨别,有时可能只有刑侦专家才能找出伪造签名的破绽.另外,签名往往签在签名内容的后面,这样可能使签名脱离要签名的内容或使签名丢失.因此,手书签名不够安全.

在当今的信息时代,如何通过互联网完成对一份文件或支票等的签名,以及对签名的认证,要求它不但具有手签的功能,并且比手签更安全,这是信息安全要研究和解决的重要问题.

数字签名 (digital signature),是对数字形式储存的消息的一个变换.如果将签名用数字表示,并放在所签消息的后面,则此签名就很容易被拷贝或窜改,而且容易将此签名放在其他数字消息的后面.因此,数字签名必须隐藏到整个文件中去.实际上,数字签名可用函数方式表示.令 S 表示签名变换,也称为签名算法,m 表示消息,S 作用到 m 上得到 $S(m)$,这就是对 m 的数字签名.当然,不同人签名要用不同的变换.在设计签名算法的同时,需要设计一个验证算法,通常用 V 表示验证算法.发送者 A 用一个签名算法 S_A 对消息 m 进行签名,得到签名 $S_\mathrm{A}(m)$.消息的接收者用 A 的验证算法 V_A 作用到 $(m, S_\mathrm{A}(m))$ 上,由 $V_\mathrm{A}(m, S_\mathrm{A}(m))$ 完成对签名的验证,并给

18

出 $S_A(m)$ 是或不是 A 对 m 的签名的判断.

数字签名算法和签名验证算法总是同时考虑的. 目前, 关于数字签名的研究主要针对基于公钥密码体制的数字签名算法. 数字签名和验证是一个事物的两个方面, 它们要同时产生和作用. 根据不同的假设和不同的要求, 有不同的数字签名算法. 数字签名算法也称为数字签名方案. 目前, 已经有几千个不同的数字签名方案. 在本书后面将介绍一个典型的、简单的方案, 称为 ElGamal 型数字签名方案.

下面是数字签名算法的简单图示 (图 1.4).

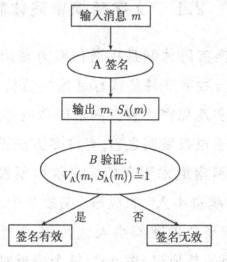

图 1.4 数字签名算法

第 2 章······················

古典密码体制

古典密码体制包括文字替换密码体制和机械密码体制,是直到 20 世纪 50 年代一直使用的密码体制.虽然古典密码体制如今已成为历史,但是对它的了解有助于人们对密码直观的、感性的认识.

2.1   文字替换密码体制

文字替换密码体制是指通信双方使用事先约定的符号、图形或数字等替换或打乱原始通信信息,并且通过手工操作实现加密和解密的密码体制.文字替换密码体制主要用于电报发明之前,有许多方法设计替换和打乱.例如,在柯南道尔所著的《福尔摩斯探案集》一书中,有一个 "跳舞小人" 的故事.在故事中,有两个人使用 26 种不同姿势的跳舞小人代替 26 个英文字母进行通信,见下面的替换表 (图 2.1),每个字母对应两个跳舞小人.实际上, "跳舞小人" 中使用了用图形替换字母的替换密码.

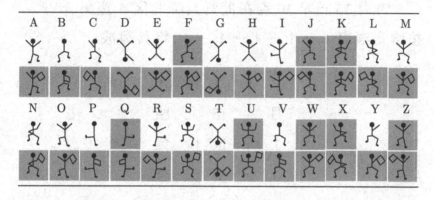

图 2.1 "跳舞小人"符号字母替换表

又如,在第一次世界大战期间,某国间谍曾使用五线谱的音符代替字母. 替换表如图 2.2 所示.

图 2.2 音符字母替换表

对于汉字,我国古代历史上常用改变文字书写和阅读顺序的方法打乱原始信息达到加密.例如,将要通信

的原始信息

"9 月 15 日早 10 点在世贸天阶北区 A 座集合"

按给定顺序 ↓ → ↑ → ↓ → ↑ → ↓,将其写成:

```
9  0  点  区  A
月  1  在  北  座
1  早  世  阶  集
5  日  贸  天  合
```

然后,通过横读打乱顺序得到密文:

"9 0 点区 A 月 1 在北座 1 早世阶集 5 日贸天合".
收方收到密文后,将 5 个字一组横排,按给定的书写
顺序读出就完成解密.实际上,读者自己可以设计许多
类似的改变读写顺序的加密方法.更多内容可参见文
献 [2].

下面介绍古代欧洲国家使用的三个典型的密码:"天
书"密码、凯撒密码机和密钥词组密码.

2.1.1 "天书"密码

"天书"密码是公元 5 世纪斯巴达国家使用的密码,
它是通过打乱实现加密."天书"密码体制的设备是两根
长短粗细完全相同的木棒和一卷细长的羊皮纸条.发方

和收方各有一根木棒.加密方法如下：发方先将羊皮纸条缠在木棒上,要求缠得无重叠和无空隙,然后将要传送的内容写在缠在木棒上的羊皮纸条上,书写的行沿棒长方向,行与行平行,拼写相邻的字母写在相邻的两圈纸上.写完之后取下羊皮纸条,这时纸条上的字母是不连贯和无规律的,称为"天书",它就是加密后的密文.信使将羊皮纸条送到收方手中.收方收到该羊皮纸条后直接读读不出来.解密方法是将该羊皮纸条缠在他已有的木棒上,缠绕方向要与发方的缠绕方向相同,然后按某一行对正,于是可读出传送的内容.有兴趣的读者可以自己动手操作一下.

2.1.2　凯撒密码机

凯撒密码机由两个同心的圆盘组成,外圈的圆盘可以转动.两个圆盘同时分成26等份,如图2.3所示.转动外圈的圆盘,使得任意选定的一个字母在字母a的外侧.于是得到一个字母替换表.易见,一共可有26个字母替换表.内圈圆盘上的字母表示明文,外圈圆盘上的字母表示密文.移位数字,即内圈圆盘上的字母a与对应的外圈圆盘上的字母,按自然的字母顺序的位置差就是密钥.例如,密钥为3,则a与D对应,这时,得到的字母替

换表正是在第 1 章的例中所讲的单表密码体制.

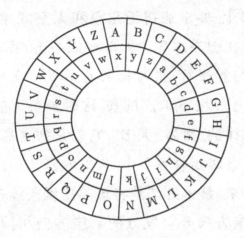

图 2.3　凯撒密码机

2.1.3　密钥词组密码

密钥词组密码是单表密码体制中的一种. 它的加密方法如下: 首先, 任意选定一个英文词组, 如 YOUR UNIVERSITY, 删去其中重复的字母, 得到 YOURNIVEST. 任意取定一个字母 d, 构造下面的字母替换表 (表 2.1).

造表的方法是先将词组的第一个字母对准事先选定的字母 d, 即 d ↔ Y, 再将拿掉重复字母的词组字母依次写出, 对应着明文字母中的 d 到 m 和 m ↔ T, 然后, 再从字母 A 开始, 按字母顺序写出, 对于在词组中出现过

表 2.1

明文	a b c d e f g h i j k l m n o p q r s t
	↕ ↕
密文	W X Z Y O U R N I V E S T A B C D F G H

明文	u v w x y z
密文	J K L M P Q

的字母不再重复, 于是得到明文字母 n 到 z 对应的密文字母, 接下去是 a 到 c 对应的密文字母. 例如, 明文 "a cryptosystem means a map", 通过上面给出的明密文替换表进行加密, 得到密文 "WZFCHBGPGHOTTOWAGWTWC". 仍然利用这个替换表就可以将该密文解密, 得到明文. 在该加密算法中, 选定的词组是算法的密钥. 密钥量为

$$26! = 26 \times 25 \times 24 \times 23 \times \cdots \times 3 \times 2 \times 1 \approx 4 \times 10^{26}.$$

字母 d 的选择有 26 种. 如果知道密钥词组, 则字母 d 的寻找是容易的. 该体制的解密算法与加密算法相同, 解密密钥与加密密钥相同. 对该算法的攻击, 即想掌握它的密钥词组, 用逐一试探法是不可能的, 因为即使用现代高速计算机, 如每秒万亿次, 也需要百万年以上的时间才能完成. 但是, 若攻击者从得到的密文中发现一些

有用的信息, 则可能很快就排除一大批密钥, 而不必一一试验. 2.3 节中的统计密码分析就说明这个问题.

2.1.4 "漏格板" 体制

我国古代使用 "漏格板" 进行安全通信. 漏格板是一个与常用的书写纸, 如 A4 纸, 大小相同的一张不易磨损的硬纸板或羊皮纸, 在它上面按不规则的间隔切开一些矩形孔, 孔的宽度和书写行的宽度相等, 孔的长度为写一个到几个字所需的空间. 通信双方各有一个同样的漏格板. 加密的方法是先将漏格板放在一张书写纸上, 然后将要传送的原始信息, 按顺序写到漏格中, 然后拿掉漏格板, 构造一篇与原始信息无关的文章填满书写纸的空白处.

例如, 有一个 3cm×4cm 的漏格板, 板上有两个漏格, 如图 2.4(a) 所示. 将原始信息 "明文" 二字通过漏格板填到书写纸上, 如图 2.4(b) 所示. 构造句子 "他明天回家之后改他的文章", 按书写顺序将句子填到图 2.4(b) 的空白处, 得到图 2.4(c). 于是 "明文" 二字通过嵌入隐藏成功. 收方收到信文 (c) 后, 将漏格板 (a) 放到 (c) 上, 通过漏格读出原始信息 "明文" 二字. 清朝时期, 曾使用 "漏格板" 体制进行秘密通信. 电影《垂帘听政》就有慈禧太后用

漏格板读密信的场景. 易见,"漏格板" 体制使用很不方便. 此外,"漏格板" 体制是起到隐藏信息的作用, 而不是通过替换进行加密. **信息隐藏**和密码的基本思想有很大差别, 因此, 它们分属不同的科目. 一般来说, 关于密码学的书中都不包括信息隐藏的内容. 信息隐藏属于信息安全的范畴, 信息隐藏包含隐写术、数字水印 (可用于版权保护) 等.

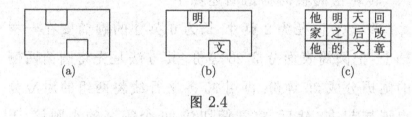

图 2.4

2.2   机械密码体制[①]

通过机械操作进行加密和解密的密码体制叫做机械密码体制. 机械密码体制比手工操作的密码体制准确、迅速、工作效率高. 在第二次世界大战期间, 机械密码体制发挥了巨大的作用. 在文字替换密码体制中介绍过的 "天书" 和凯撒密码机, 可以认为是最早的密码机械. 下面介绍两种重要的、有影响的实现机械密码体制

---

① 本节是将刘木兰在《谈谈密码》一书中所写的内容修改而成.

的密码机.

2.2.1　转轮密码机

它是由美国的托马斯·杰弗逊 (Thomas Jefferson) 大约于 1790 年左右发明的. 这种机器的制作和使用都很简单, 但却很巧妙. 托马斯·杰弗逊因为转轮密码机获得 "美国编码之父" 的称号.

转轮密码机的构造简述如下:

将一个直径为 2 英寸, 长为 6 英寸的圆筒安在一根轴上. 把圆筒表面分成 26 等份. 其方法是先将圆筒两侧的圆周分成 26 等份, 再用 26 条平行线将两组的对应分点连接起来. 然后, 将圆筒切成 36 个等高的小圆筒, 于是得到 36 个完全相同的小圆筒, 它们的表面均被同样地分成了 26 个相等的弧面. 称这些小圆筒为转轮, 每个转轮都可绕公共轴, 即最初安放圆筒的轴, 独立地自由旋转. 将 36 个转轮编号. 对每个转轮, 将 26 个字母填到 26 个弧面上, 填写顺序不是按照自然的字母顺序, 而是乱序, 即任意给定次序, 同时要求任何两个转轮上的字母次序都不相同. 每个转轮都可方便地从轴上取下和装上. 在轴上标出位置 1~36. 将 36 个轮子任意给定一个排列次序, 如 2, 3, 1, 5, 7, 6, · · · . 轮子按此排列次序装在

28

轴上加以固定. 于是在轴上第 1 位置装有编号为 2 的轮子, 在轴上第 2 位置装有编号 3 的轮子, 以此类推. 将 36 个轮子安装固定好, 便完成了一个可供加密使用的机械 (图 2.5).

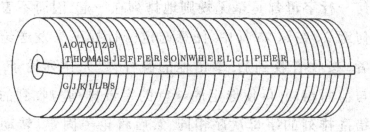

图 2.5 转轮密码机

假定要将明文 "your letter is received" (你的来信收到了) 加密, 那么依次作下列操作:

(1) 转动第 1 位置的轮子, 将字母 y 放好;

(2) 转动第 2 位置的轮子, 使字母 o 置于第 1 位置轮子的字母 y 的一侧;

(3) 转动第 3 位置的轮子, 使字母 u 置于第 2 位置轮子的字母 o 的一侧;

(4) 转动第 4 位置的轮子, 使字母 r 置于第 3 位置轮子的字母 u 的一侧;

(5) 转动第 5 位置的轮子, 使字母 l 置于第 4 位置轮

子的字母 r 的一侧;

......

依此类推,直至这句话的每个字母都排列在一条直线上,将转轮固定. 可以看到, 这时, 圆柱体的其他 25 行中的任何一行字母都是毫无规则地排列在一起,因而不表示任何意义. 在这 25 行中, 任意选定一行抄下来发送给接收者. 接收者收到后, 拿出他的圆柱体, 先排列轮子, 顺序与前面相同, 再使选定的一行的字母排列与收到的次序错乱排列的字母次序相同, 然后将轮子固定. 转动圆柱体, 观察其他 25 行, 一定可以发现有一行向他提供了有意义的信息, 即 "your letter is received", 而其他各行所提供的内容没有什么意义. 于是他得到这个有意义的一行就是要传送的信息, 即明文.

如果要传送一个长的消息,则可先将消息分组,消息中连续的 36 个字母为一组, 分组传送, 传送方法完全一致, 即在轴上的轮子位置一旦固定, 就不再改变, 直到将全部消息传送完为止. 当然, 传送下一个消息时, 可以改变轮子在轴上的排列. 实际上, 轮子在轴上的排列次序就是密钥. 当组成圆柱体的每个轮子上错乱排列的各字母序列为固定时, 只要改变圆柱体中轮子在轴上的排列

次序, 即可产生无穷无尽的密钥供通信者使用. 确切地说, 产生的密钥数为

$$36 \times 35 \times 34 \times \cdots \times 3 \times 2 \times 1$$
$$= 36!$$
$$= 371\,993\,326\,789\,901\,217\,467\,999\,448\,150\,835\,200\,000\,000.$$

这个数的近似值是 3.72×10^{41}, 这当然是一个天文数字.

显然, 把上述密码机中的转轮数 36 换成任何其他正整数都可以得到类似的转轮密码机.

2.2.2 M-209 密码机

M-209 密码机 (图 2.6) 是 20 世纪中期具有代表性的一种密码机, 在第二次世界大战期间, 美国陆军曾使用过它.

图 2.6 M-209 密码机

　　M-209 密码机的主要部分是 6 个**转轮** (有人也称为**转子**或**密钥轮**). 6 个转轮的中心有一根公共轴, 每个转轮可以绕轴各自独立地转动. 每个转轮上装有不同数量的**销子**(也称为**突针**), 每个销子可置两种状态, 它们被称为**有效状态**或**无效状态**. 6 个转轮从左至右分别有 26 根、25 根、23 根、21 根、19 根和 17 根销子. 每个转轮上的销子都是均匀地, 或等间隔地被安置. 当然, 不同的转轮上两个销子之间的间隔是不同的. 转轮 1 上的 26 个销子依序用字母 A~Z 表示, 转轮 2 上的 25 个销子依序用字母 A~Y 表示, 转轮 3 上的 23 个销子依序用字母 A~W 表示, 转轮 4 上的 21 个销子依序用字母 A~U 表示, 转轮 5 上的 19 个销子依序用字母 A~S 表示, 转轮 6 上的 17 个销子依序用字母 A~Q 表示. 每个转轮转动一格就转动一个间隔. 转轮的后面是一个**凸片鼓状**筒, 它是由彼此平行地、均匀地横排成圆柱形的 27 根杆组成, 每根杆上有两个可移动的突出的片, 称为**凸片**. 每个凸片可以置于杆上的 8 个可能位置之一. 这 8 个位置标为 1, 0, 2, 3, 4, 5, 0, 6. 如果凸片置于标为 0 的位置, 则它完全不起作用; 如果凸片置于其余标着 1~6 的任何一个位置, 则表示它对准了相应标号的转轮. 例如, 凸片置于 4

的位置表示它与第 4 个转轮对准, 并且可以和该转轮上的置于有效状态的销子 (为简单起见, 下面称为**有效销子**) 相接触. 先将 6 个转轮都保持静止, 然后转动凸片鼓状筒. 每个转轮上与凸片保持接触的销子只有一个. 将具有这个性质的 6 根销子称为基本销子.

使用机器时, 先将 6 个转轮上销子的状态置好, 即安排各个转轮上的某些销子为有效销子, 其余为无效销子. 当所有销子的状态置好后, 转动凸片鼓状筒一周, 即 360°, 同时保持 6 个转轮不动. 在此过程中, 当基本销子置于有效状态时, 就与相应的凸片接触. 当杆上的凸片与一根有效销子接触时, 就认为该杆被选中. 计算被选中的杆的数目. 由于一根杆上有两个凸片, 因此, 可能出现一根杆被两个有效基本销子同时选中. 对这种情况, 约定这根杆只计算一次. 于是当凸片鼓状筒旋转一周后, 被选中的杆的数目由基本销子的状态和凸片的位置完全确定. 这个数目便是这个密码体制中的多表代替的密钥数字. 下面给出一个例子来说明这点.

先用一个表来描述凸片鼓状筒. 对应于 6 个转轮中的每一个位置, 如果凸片鼓状筒的杆上在此处安置有一

个凸片, 则标上 1; 如果没有安置凸片, 则标上 0. 于是构造出一个 27 行 6 列的阵列或表, 此表的各项值是 1 或是 0, 而且每行最多有两个 1. 例如, 鼓状筒有下面的阵列 (表 2.2): 当一根杆上的两个凸片都置于标为 0 的位置时, 就会出现全 0 行, 如表 2.2 的第 1 行.

表 2.2 凸片鼓状筒

杆 ＼ 转轮	1	2	3	4	5	6
1	0	0	0	0	0	0
2	1	0	0	0	0	0
3	1	1	0	0	0	0
4	1	0	0	1	0	0
5	1	0	0	0	0	1
6	0	1	0	0	0	0
7	0	1	0	0	0	0
8	0	1	0	0	0	0
9	0	1	0	0	0	0
10	0	1	0	0	0	1
11	0	1	0	0	0	1
12	0	1	0	0	0	1
13	0	1	0	0	0	1
14	0	1	0	0	0	1
15	0	0	1	1	0	0

杆＼转轮	1	2	3	4	5	6
						续表
16	0	0	0	1	0	1
17	0	0	0	0	1	0
18	0	0	0	0	1	0
19	0	0	0	0	1	0
20	0	0	0	0	1	0
21	0	0	0	0	1	1
22	0	0	0	0	1	1
23	0	0	0	0	1	1
24	0	0	0	0	1	1
25	0	0	0	0	1	1
26	0	0	0	0	0	1
27	0	0	0	0	0	1

　　假定只有第1个和第5个转轮的基本销子是有效基本销子,那么凸片鼓状筒旋转一周后,转轮1上的基本销子就选中第2~5根杆,转轮5上的基本销子就选中第17~25根杆. 没有两个转轮选中同一根杆的情况出现,于是就此情况,基本销子共选中13根杆. 又如,假定只有第1,3,4个转轮有有效基本销子,那么转轮1选中第

2~5 根杆, 转轮 3 选中第 15 根杆, 转轮 4 选中第 4, 15 和 16 根杆, 结果共选中 6 根杆.

用被选中的杆数确定对明文的第 1 个字母加密的代替密表. 一旦这个字母加好密, 6 个转轮就同时前进一步, 这样一来基本销子变了, 重复相同的过程, 就得到第 2 个被选中的杆数, 用这第 2 个杆数确定对明文的第 2 个字母加密的代替密表. 这个手续继续下去, 直到将明文全部加密完为止.

确定代替密表的方法如下:

先写下自然顺序的字母表, 然后把它倒过来.

字 母 表:a b c d e f g h i j k l m n o p q r s t u v w x y z

逆序字母表:z y x w v u t s r q p o n m l k j i h g f e d c b a

将得到的杆数作为逆序字母表右移的长度. 因此, 如果基本销子选中三根杆, 那么替换密表如表 2.3 所示.

事实上, 可以给出加密运算和解密运算的公式. 首先赋予字母数字表示:a=1, b=2, c=3, ···, x=24, y=25, z=0. 于是如果选中 k 根杆, 对明文字母 λ 加密, 令

$$\mu \equiv 1 + k - \lambda \pmod{26}, \quad 0 \leqslant \mu \leqslant 25, \qquad (2.1)$$

表 2.3

明文字母	a b c d e f g h i j k l m n o p q r s t u v
密文字母	C B A Z Y X W V U T S R Q P O N M L K J I H
明文字母	w x y z
密文字母	G F E D

其中符号 "≡" 表示同余. (2.1) 式所确定的 μ 就是 $1+k-\lambda$ 用 26 除所得的正余数. 确切地说, 如果 $1+k-\lambda \geqslant 0$, 则 μ 就是 $1+k-\lambda$ 用 26 除所得的余数; 如果 $1+k-\lambda < 0$, 则 μ 就是 $1+k-\lambda+26$ 用 26 除所得的余数. (2.1) 式确定的 μ 就是明文 λ 对应的密文字母. 例如, $k=3$, $\lambda=8$. 由 (2.1) 式得到 $\mu \equiv 1+3-8 < 0$, 按计算法则得到 $\mu=22$. $\lambda=8$ 表示明文字母 h, $\mu=22$ 表示 h 对应的密文字母就是 V. 这与上面替换表中的结果是一样的. 由 (2.1) 式可以得到

$$\lambda \equiv 1+k-\mu \pmod{26}, \quad 0 \leqslant \lambda \leqslant 25. \qquad (2.2)$$

(2.2) 式实际上给出了解密算法. 比较 (2.1) 式和 (2.2) 式可以看到, 加密和解密是完全相同的运算. 由此可以看到将字母表倒置的方便之处.

M-209 密码机的操作方法如下:

(1) 将明文 (消息) 的每个间隔处写上字母 z.

(2) 确定开始加密明文第一个字母所用的基本销子. 在机器上有一条明显划出的线, 称为**消息指示线**, 在这个位置上的 6 个销子就作为基本销子. 加密者要用哪组销子作基本销子, 只需分别拨动各个转轮, 使所要求的那组销子位于消息指示线的位置即可. 用 1 表示销子有效位置, 用 0 表示销子无效位置, 可以得到一个销子位置表 (以后每个转轮按此循环). 例如, 用表 2.4 的第 1 列作为基本销子, 其状态由值 0 与 1 给出.

表 2.4 销子位置

位置	1	2	3	4	5	6	7	8	9	10	11	12	13	14	15	16	17	18	19	20	21	22	23	24	25	26
1	0	0	1	1	1	1	0	1	0	1	1	0	0	0	1	1	0	0	1	0	1	0	0	1	1	1
2	0	1	1	0	1	0	0	0	1	0	0	1	1	0	0	1	0	1	1	0	1	0	0	0	1	
转 3	1	0	0	1	1	1	1	1	0	1	0	0	0	1	0	1	0	1	1	0	1	0				
轮 4	0	1	1	0	1	1	0	0	0	1	0	0	1	0	1	1	0	1	0	1	1					
5	1	1	1	0	0	1	0	1	0	1	0	0	0	1	0	1	0	0	0	1						
6	0	0	1	0	0	1	1	1	0	1	0	1	1	0	1	1	0									

(3) 确定凸片鼓状筒的状态. 选择表 2.2 来表示它. 现在假设明文是

now is the time for all good men,

则由 (1) 得到

nowzisztheztimezforzallzgoodzmen.

由 (2), 对 001010 所给定的 6 根基本销子选中的杆数进行计算, 这可由 (3) 和给出的表 2.2 得到. 转轮 3 上的销子只选中第 15 根杆, 转轮 5 上的销子则选中第 17~25 根杆. 因为不存在相同的选择, 所以选中的杆的总根数是 10. 明文的第一个字母 n 是用数字 14 代表的, 因此, 其对应的密文 μ 就用 $\mu \equiv 1 + 10 - 14 \pmod{26}$ 和 $0 \leqslant \mu \leqslant 25$ 来确定, 由此得到 $\mu = 23$, 结果 μ 就是字母 W, 即第一个明文字母 n 对应的明文字母就是 W. 在 n 加好密之后, 每个转轮都转动一个位置, 于是表 2.4 的第 2 列 010110 就给出新的基本销子状态. 这组销子选中的杆数是 22, 由此得到第 2 个明文字母 o 对应的密文字母是 H. 如此继续下去, 就得到密文

WHDFGDPCDRFZQNRWVYFUXYESSRKHWJBI.

解密时字母 Z 不打印, 这样译出的文本除了不出现字母 Z 之外, 与通常有间隔的单词是一样的. 由于字母 Z 在单词中出现很少, 所以漏掉它的地方一般都容易看出来.

M-209 密码机密钥的讨论如下:

这个机器的密钥取决于销子和凸片的位置. 6 个转轮一共有 $26 + 25 + 23 + 21 + 19 + 17 = 131$ 根销子, 每根销子有两种可能的位置, 每根销子所置位置 (或状态) 都与其他销子无关, 于是销子的置位总数为 2^{131}. 下边计算凸片鼓状筒的置位总数. 凸片鼓状筒的每根杆上都有两个凸片, 每个凸片都必须占据 8 个位置中的某个位置, 其中 2 个位置是无效的, 另外 6 个位置与各个转轮相对应. 首先计算对一根特定杆的凸片置位方式的种数, 然后再看全部 27 根杆的安排方式的种数.

一根杆上凸片位置可分为三类. 第 1 类是两个凸片都不起作用. 显然, 这种情况的出现只可能是一种方式, 即两个凸片都位于 0 的位置. 第 2 类是有且只有一个凸片不起作用, 那么另一个凸片就有 6 种置位方法. 第 3 类是两个凸片都有效, 那么可能的置位方法有 C_6^2 种. 于是对于一根给定杆有

$$1 + 6 + C_6^2 = 1 + 6 + 15 = 22$$

种置位方式.

进一步, 确定 27 根杆各种不同的安排方法的总数. 由于加密期间鼓状筒要旋转一周, 所以各种不同的位置顺序不会影响加密结果. 因此, 对于凸片鼓状筒作为一

个整体, 问题化为要计算 27 根杆按 22 种可能的方式来设置总共有多少种设置方法. 该问题相当于计算 27 个物体放入 22 个容器的可能放法数目. 这是一个著名的组合问题, 答案是 $C_{48}^{27} = \dfrac{48!}{27!21!} \cong 2.23 \times 10^{13}$. 该问题可以这样考虑. 用垂线表示容器的分界, 用 "$*$" 表示物体, 于是物体分配到各个容器就可用 23 条直线和 27 个星号的序列来表示. 例如, $|**|*||**\cdots*|$. 此序列的第一和最末位置必须是直线, 除此以外, 星号与直线出现的顺序是任意的. 因此, 只需计算 $27 + 23 - 2 = 48$ 个元素, 其中 27 个为星号, 21 个为直线, 这样的安排方法总数就是 C_{48}^{27}.

由于可以将任何凸片置位和任何销子置位组合, 所以密钥总数为

$$2^{131} \times 2.23 \times 10^{13} \approx 6.075 \times 10^{52}.$$

这个密钥总数是天文数字, 逐一地试验这些密钥, 即使使用当代最高速的计算机, 也是办不到的. 密码分析者要想破译它, 必须采取别的方法. 由于篇幅关系, 不在这里介绍了.

2.3 统计密码分析

通常人们认为密码分析是密码学中最神秘的部分,是绝顶聪明的人才能做的事. 但是实际上,密码分析工作还是有一定的思路可遵循的. 在本节,我们给出一个简单的例子加以说明.

通常,密码体制的设计者在公布他的密码算法时,要指出密钥空间的大小,因为它是评价一个密码体制是否安全的重要指标,同时要给出针对密钥搜索破译所需的计算量. 当其计算量高至使用当今世界上已有的计算能力的总和在需要的时间内都不能完成时,就认为该密码具备了一个重要的安全条件.设计者给出的计算量是针对所有可能发生的情况,但是有时设计中的某个小漏洞的存在会导致计算量大大降低. 因此,作为密码分析人员或密码攻击者,具备较全面的密码学知识和丰富的分析工作经验是至关重要的. 进一步,要提高密码分析能力,需要从两方面进行工作. 一方面是通过研制具有更高速度和更好性能的计算机以提高计算能力,这方面工作进展很快,从千亿次计算机到万亿次计算机的出现,只不过用了几年的时间. 我国 2010 年 9 月出厂的 "天河

一号"计算机是继美国之后世界上第二台万亿次计算机. 另一方面是针对一些重要的密码, 改进密码分析算法和寻找密码设计中的漏洞. 这是密码学家要面对的一个最核心的问题. 算法的改进会使密码分析的效率有本质性的提高, 而且无需增加成本, 数学家在该领域起重要作用. 事实上, 就此已有许多成功的例子.

本节的目的是想通过将最简单的, 也是最基本的统计分析方法用于密钥词组密码算法, 将密钥词组密码算法加密的一段密文进行破译, 使大家体会一下密码分析和破译并不神秘.

统计密码分析的主要思想是, 根据每个英文字母在一篇不太短的文章中出现的频率的稳定性来确定密文字母和明文字母的对应关系. 频率可粗略地理解为一个字母在文章中出现的次数占全文中字母数的百分比, 稳定性理解为频率在各篇文章的变化不大. 统计密码分析对单表密码体制的破译有巨大的威力. 下面通过具体例子详细地解释一下这种破译思想.

把 "American Tourists in China (二)"(选自《星期日英语》) 这篇文章的前一部分作一统计, 在 937 个英文字母中, 每个字母出现的次数如下:

字母: a b c d e f g h i j k l m

次数: 67 19 20 25 124 18 19 63 56 2 11 34 24

字母: n o p q r s t u v w x y z

次数: 54 82 16 1 54 44 107 38 11 17 0 30 1

显见, 字母 e 出现的次数比其他字母明显得多, 当然频率 $\left(=\dfrac{124}{937}\right)$ 最高. 其次是 a, h, i, n, o, r, s, t, 它们的出现次数都在 44 次以上.

事实上, 如果任取另外一篇文章 (技术性和专门化的文章除外), 只要足够长 (起码在一千个字母以上, 一万个字母更好), 经统计后, 每个字母出现的频率大致与上面的例子一致. 现在字母频率可在网上查到. 利用频率大小将字母分组如下:

I. e;

II. t, a, o, i, n, s, h, r;

III. d, l, c, u, m, w, f, g, y, p, b;

IV. v, k, j, x, q, z.

这个分组对密码分析家是重要的. 如果是单表密码体制, 则可以预料, 大多数密文将包含一个比其他字母频率明显高的字母, 于是密码分析家便猜测这个字母对应的明文字母是 e. 不仅单字母以相当固定的频率出现, **双**

字母 (连接字母对) 和三字母 (连接的三个字母) 同样有这个性质. 按出现次数的多少, 顺序列出频率较高的 30 个双字母: th, he, in, er, an, re, ed, on, es, st, en, at, to, nt, ha, nd, un, ea, ng, as, or, ti, is, et, it, ar, te, se, hi, of. 对于三字母, 按其频率列出顺序为 the, ing, and, her, are, ent, tha, nth, was, eth, for, dth, 其中 the 的频率几乎比 ing 的频率大三倍.

进一步有:

(1) 单词 the 在上面统计中有非常大的作用, 主要理由是 t, h, th, he, the 频率高, 但是将字 the 从明文中删去, 那么 t, h 的频率将降低, th 和 he 也不是频率高的双字母了;

(2) 英语单词中以 e, s, d 作为结尾字母的单词超过一半;

(3) 英语单词以 t, a, s, w 为起始字母的约占一半.

下面给出一个例子[①], 尝试一下密码分析家如何破译. 已知如下 313 个字符的密文, 并且已知编码体制是密钥词组密码体制.

XNKWBMOW KWH JKXKRJKRZJ RA KWRJ

---

① 万哲先, 刘木兰. 谈谈密码. 北京: 人民教育出版社, 1985.

密码并不神秘

ZWXCKHI XIH IHNRXYNH EBI THZRCWHIRAO
DHJJXOHJ JHAK RA HAONRJW KWH IHXTHI NXA-
OMXOH XIH GMRKH NRLHNU KB YH TREEHI-
HAK WBQHPHI HGMRPXNHAK JKXKRJKRZJ XIH
XPXRNXYNH EBI BKWHI NXAOMXOHJ RE KWH
ZIUCKXAXNUJK TBHJ ABK LABQ KWH NXAOM-
XOH RA QWRZW KWH DHJJXOH QXJ QIRKKHA
KWHA BAH BE WRJ ERIJK CIBYNHD RJ KB KIU
KB THKHIDRAH RK KWRJ RJ X TREERZMNK
CIBYNHD

为了破译这段密文, 依次实施如下:

(1) 首先计算每个字母出现的次数.

字母: A B C D E F G H I J K L M

次数: 18 15 5 5 9 0 2 44 20 23 34 2 7

字母: N O P Q R S T U V W X Y Z

次数: 16 11 3 5 29 0 6 4 0 18 25 5 7

(2) 按字母出现次数将字母分组.

I. H (40 次以上);

II. K, R, X, J, I, W, A, N (16~39 次);

III. B, O, E, M, Z, T, C, D, Y, Q, U (4~15 次);

IV. P, G, L, F, S, V (0～3 次).

(3) 分析及推断.

(3.1) 由于 H 出现的次数 (或频率) 比其他字母明显地高, 所以推断 H 和 e 相对应, 用 H ↔ e 表示, 于是可能的密钥量就从 26! 降低为 25!, 即减少近 3.88×10^{26}. 也就是说, 将 3.88×10^{26} 种密钥排除了.

(3.2) 下一个频率高的字母是 K, 它显然比其余的字母频率明显地高, 推断 K 与 t 相对应, K ↔ t.

(3.3) 由 (3.1) 和 (3.2), 得到密文 KWH 对应 t*e, 其中 * 表示暂时未知的对应. 再由三字母 KWH 出现 5 次及 W 在第 II 组, 推断 KWH ↔ the, 即 W ↔ h.

(3.4) 以 R 打头的双字母单词有 RA, RJ, RE, RK. 由此推断有 R ↔ e 或者 R ↔ i, 但前面已有 H ↔ e, 因而 R ↔ i.

(3.5) X 是单字母单词, X 只可能对应 i 或 a. 由 (3.4), 已知 R ↔ i, 因此, 应有 X ↔ a.

(3.6) 考虑 KWHA ↔ the*, RA ↔ i*, 推断 A ↔ n, 因此, RA ↔ in, KWHA ↔ then.

(3.7) 考虑 XIH ↔ a*e, 推断 I ↔ r, 于是 XIH ↔ are.

(3.8) 考虑 KWRJ ↔ thi* 和 RJ ↔ i*, 推断 J ↔ s, 于

是 KWRJ ↔ this 和 RJ ↔ is.

(3.9) 考虑 BKWHI ↔ *ther, 推断 B ↔ o, 于是 BKWHI ↔ other.

到现在为止, 将已有的对应关系列出:

明文: a b c d e f g h i j k l m

密文: X   H   W R

明文: n o p q r s t u v w x y z

密文: A B   I J K

注意观察上面的对应, 三个相邻的明文字母 r, s, t 对应三个相邻的密文字母 I, J, K, 两个相邻的明文字母 n, o 对应两个相邻的密文字母 A, B, 而且 A, B 在 I, J, K 的前面. 由此推断加密是使用的密钥词组法则.

(3.10) 考虑 ERIJK ↔ *irst 和 RE ↔ i*, 推断出 E ↔ f, 于是 ERIJK ↔ first, RE ↔ if.

(3.11) 考虑 QXJ ↔ *as, QIRKKHA ↔ *ritten, 推断 Q ↔ w, 于是 QXJ ↔ was, QIRKKHA ↔ wirrten.

(3.12) 考虑 QWRZW ↔ whi*h, 推断 Z ↔ c, 于是 QWRZW ↔ which.

(3.13) 根据密钥词组的特性, 由 X ↔ a, Z ↔ c, 推断 Y ↔ b, 进而 d 是特定字母, 密钥词组包有 10 个字母, 对应着明文 d~m.

(3.14) 考虑 WBQHPHI ↔ howe*er, 推断 P ↔ v, 于是 WBQHPHI ↔ however.

(3.15) 考虑 IHNRXYNH ↔ re*iab*e, 同时再考虑 XPXRNXYNH ↔ avai*ab*e, 推断 N ↔ l, 于是 IHNRXYNH ↔ reliable, XPXRNXYNH ↔ available.

(3.16) 考虑 HAONRJW ↔ en*lish, 推断 O ↔ g, 于是 HAONRJW ↔ english.

再次观察已有的明密文对应:

明文: a b c d e f g h i j k l m
密文: X Y Z   H E O W R   N
明文: n o p q r s t u v w x y z
密文: A B   I J K   P Q

在密文 K 和 P 中间, 只可能是密文 L 或 M. 由于 L 出现的次数是 2, M 出现的次数是 7, 而明文 u 是在第 3 组的第 4 位置, 由此推断 M ↔ u.

(3.17) 考虑 IHXTHI ↔ rea*er, 推断 T ↔ d, 于是 IHX-THI ↔ reader.

(3.18) 考虑 ZIUCKXAXNUJK ↔ cr**tanal*st, 推断 U ↔ y, C ↔ p, 于是 ZIUCKXAXNUJK ↔ cryptanalyst.

(3.19) 由 U ↔ y, 推断 V ↔ z. 由 R ↔ i, T ↔ d, 推断 S ↔ x.

(3.20) 考虑 GMRKH ↔ ∗uite 和 HGMRPXNHAK ↔ e∗uivalent, 推断 G ↔ q, 于是 GMRKH ↔ quite 和 HGMR-PXNHAK ↔ equivalent.

(3.21) 考虑 DHJJXOH ↔ ∗essage 和 CIBYNHD ↔ proble∗, 推断 D ↔ m, 于是 DHJJXOH ↔ message 和 CIBYNHD ↔ problem.

(3.22) 考虑 NRLHNU ↔ li∗ely, 再由字母出现次数, 可能有 L ↔ j 或 L ↔ k. 由此推断 L ↔ k, 于是 NRLHNU ↔ likely.

(3.23) 现在只剩下最后一个密文 F 和明文 j, 当然有 F ↔ j.

于是得到了密文和明文的全部对应关系：

明文：a b c d e f g h i j k l m
密文：X Y Z T H E O W R F L N D
明文：n o p q r s t u v w x y z
密文：A B C G I J K M P Q S U V

其中密钥词组是 THEOWRFLND. 利用得到的这个结果, 密文可立即破译, 即密文消息的明文对应为

although the statistics in this chapter are reliable for deciphering messages sent in English the reader language are quite likely to be different however equivalent statistics are available

for other languages if the cryptanalyst does not know the language in which the message was written then one of his first problem is to try to determine it this is a difficult problem

在破译这段消息时, 只用了很少的统计知识, 而英语知识和消息的形式 (即知道单词的长度) 也是非常重要的. 单字母单词、双字母单词和三字母单词很有用. 如果加密者以等长的字母组, 如 5 个字母一组写这段密文消息, 破译就要困难得多. 通过这个例子, 读者可以体验 "若密文足够长, 则任何单表密码都容易破译" 这个结论的可靠性, 进而可知, 单凭密钥量不足以判断破译的难易程度.

一般来说, 进行密码分析或破译比密码编码要困难得多. 编码者处于主动地位, 编码学的方法基本属于数学方法; 密码分析者处于被动地位, 他们没有现成的公式或算法, 首先得靠测试和经验获取一批资料, 然后采取下面 4 个步骤:

(1) 分析. 通常有统计分析方法和代数分析方法, 在多数情况下是两种方法混合使用. 统计方法, 粗略地说, 就是从大量数据中找出某些规律性的东西加以利用. 例如, 前面的例子就是根据字母频率特性来破译的. 代数

方法是指发现所得密文的代数结构,进而利用其代数结构来推断某些结论.由于这部分内容涉及许多高等数学知识,因此,在本书中不打算介绍了.

(2) 假设. 由于分析的结果一般不能得出完全肯定的结论,而只是告诉我们一下可能性和每种可能性的程度,因此,要靠密码分析者利用分析的结果和他自身的经验来假设某些结论的成立.

(3) 推断. 在某些假设的前提下推断出一些结论. 例如,推断出某些密文和明文的对应关系,或推断出密钥的类型等.

(4) 验证. 根据推断的结论进一步分析,其结果有两种可能,一种是得到更多的证据证明你的推断是正确的,另一种是所得结果说明你的推断是错误的. 如果是后者,就需要推翻原来的假设,从头开始. 因此,破译一个密码体制是很复杂的工作,它不但需要丰富的知识,还需要顽强的工作态度和坚韧不拔的毅力.

对称密码体制

从远古时代到第二次世界大战期间, 世界上各国使用的密码体制都是手工的或机械的密码体制, 即密码算法是用手工或者机械来实现的. 第二次世界大战结束以后, 微电子技术迅速发展, 促使密码学家采用这些全新的技术来实现新的密码算法, 使得密码体制发生了巨大的变化. 但是直到 20 世纪 70 年代初, 新的密码体制与手工或机械的密码体制在密钥控制方面的特点是相同的, 都属于对称密码体制, 即私钥密码体制. 简单地说, 都有相同的加密密钥和解密密钥. 对称密码体制至今仍在国防、外交和经济领域有广泛的应用.

对称密码体制根据对明文消息加密方式的不同可分为两大类: **流密码体制** (也称为**序列密码体制**) 和**分组密码体制**. 流密码是将明文按单个位 (也称为比特位) 逐位加密; 分组密码是将明文分组, 对一组位同时进行运算, 即逐组进行加密. 分组密码算法的典型分组长度

为 64 位或 128 位, 这个长度大到目前使用时基本上可以防止被破译和攻击, 但又小到方便使用. 由于分组密码相对流密码需要更多的数学知识, 所以这里只讲述流密码体制.

在近代通信中, 用二元字母 {0,1} 对信息进行编码, 这些信息可以是文字, 也可以是声音或图像, 这点在第 1 章中已有解释. 经过编码的消息是一个 0 和 1 构成的序列, 称为明文二元序列, 或简称为明文. 由于编码规则是公开的, 因此, 传输明文二元序列就等于传输明文本身. 如果这些消息, 除通信双方外, 不希望第三方知道, 那就需要对明文二元序列进行加密. 希望从加密后的序列得不到明文序列的任何信息, 因为如果从加密后的序列可发现一些特殊的性质, 那么就给密码破译者提供了信息, 这样的加密结果就不安全.

流密码是研究如何将一个明文二元序列通过与一个具有 "良好性质" 的二元序列 (称为密钥流序列) "混合" 产生密文序列而达到加密的目的. 这里有几个问题需要研究: ①什么叫 "良好性质", 或者说, "良好性质" 是通过什么表现或检验出来的? ②"混合" 是什么含义, 如何做到? ③具有 "良好性质" 的序列如何产生? 下面

先讲如何用具有 "良好性质" 的序列对明文二元序列进行加密和解密, 然后再讨论如何界定 "良好性质", 以及如何产生具有 "良好性质" 的二元序列.

3.1　流密码的加密和解密算法

明文序列如何与一个具有 "良好性质" 的二元序列 "混合" 呢? 这只需用模 2 加就可以做到. 用 $\oplus$ 表示模 2 加运算, 定义模 2 加的运算为

$$1 \oplus 0 = 0 \oplus 1 = 1, \quad 0 \oplus 0 = 1 \oplus 1 = 0.$$

模 2 加法器 (图 3.1) 可实现模 2 加运算.

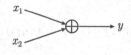

图 3.1　模 2 加法器

模 2 加法器有两个输入端, 输入 x_1, x_2, 其中, x_1 和 x_2 的取值为 0 或 1; 一个输出端, 输出 y, $y = x_1 \oplus x_2$. 当 x_1 和 x_2 取值不同 (即一个取 0, 另一个取 1) 时, 输出 $y = 1$; 当两个输入相同时, 输出 $y = 0$. 模 2 加法器可用门电路来实现, 门电路是电子线路最基本的元素之一.

加密算法. 将明文序列和一个具有 "良好性质" 的二元序列对位作模 2 加, 得到密文序列. 例如, 明文 "codeis" 根据表 1.3 列出对应:

$$c \to 01110, \quad o \to 00011, \quad d \to 10010, \quad e \to 10000,$$
$$i \to 01100, \quad s \to 10100,$$

得到明文二元序列

$$011100001110010100000110010100. \tag{3.1}$$

假设具有 "良好性质" 的二元序列

$$1000010010110011111000110111010110000\cdots \tag{3.2}$$

作为加密用的序列, 将序列 (3.1) 和序列 (3.2) 对位模 2 加得到

$$\begin{aligned} & 01110\ 00011\ 10010\ 10000\ 01100\ 10100 \\ \oplus\ & \underline{10000\ 10010\ 11001\ 11110\ 00110\ 11101} \\ & 11110\ 10001\ 01011\ 01110\ 01010\ 01001 \end{aligned} \tag{3.3}$$

查编码表 1.3 得到密文序列对应的字母为 kjgcrl.

解密算法. 将收到的密文二元序列与加密用的同一个具有 "良好性质" 的二元序列作对位模 2 加就行了. 这是因为有下面一个简单的事实:

$$a \oplus b = c,$$

$$c \oplus b = (a \oplus b) \oplus b = a \oplus (b \oplus b) = a \oplus 0 = a.$$

上例中, 密文序列 (3.3), 通过与序列 (3.2) 作对位模 2 加,

$$11110\ 10001\ 01011\ 01110\ 01010\ 01001$$

$$\oplus\quad \underline{10000\ 10010\ 11001\ 11110\ 00110\ 11101}$$

$$01110\ 00011\ 10010\ 10000\ 01100\ 10100$$

- 加密过程:

    A 将明文二元序列

$$a_1 a_2 a_3 \cdots \tag{3.4}$$

与具有 "良好性质" 的二元序列

$$b_1 b_2 b_3 \cdots \tag{3.5}$$

作模 2 加, 得到密文序列

$$c_1 c_2 c_3 \cdots \tag{3.6}$$

其中 $c_i = a_i \oplus b_i$. A 将密文序列 $c_1 c_2 c_3 \cdots$ 发送给 B.

- 解密过程:

    B 收到密文序列 $c_1 c_2 c_3 \cdots$ 后, 将其与序列(3.5)进行模 2 加, 得到

$$d_1 d_2 d_3 \cdots$$

其中 $d_i = c_i \oplus b_i$. 序列 $d_1 d_2 d_3 \cdots$ 即为明文序列 $a_1 a_2 a_3 \cdots$. \tag{3.7}

图 3.2   流密码加密和解密算法

便恢复出明文序列 (3.1). 再查编码表 1.3 就得到明文 "codeis". 通常, 明文与明文二元序列之间的编码转换由

专门的编码软件完成,在密码学中,通常只考虑明文二元序列.上述流密码的加密和解密算法可叙述如图3.2.

上面流密码的加密和解密算法的关键点是如何构造出具有"良好性质"的二元序列.为此,要先对具有"良好性质"的二元序列进行具体的刻画.

3.2 周期序列和伪随机性质

可以通过抛币产生一个0和1组成的具有"良好性质"的二元序列.首先,将一枚质地均匀的硬币具有国徽图案的一面用1表示,反面(即具有分值的一面)用0表示,然后进行多次抛币.抛掷时要随意,不带任何倾向性.将每次硬币落地后朝上的一面记录下来,这样就得到一个0和1的二元序列.当抛币次数足够多时,所得的序列的均匀性就相当好.所谓均匀性,是指关于1具有的性质,0必具有;反之,关于0具有的性质,1必具有.读者可做抛币试验,如抛币5000次,然后观察所得的二元序列.但是,在实际应用中,不可能每次都通过抛币产生这类二元序列,而是需要设计一个能产生具有"良好性质"的无穷二元序列(即无限长的二元序列)的算法.为此,需要周期序列和伪随机性质的概念.

58

如果一个无穷二元序列是由一个有限二元序列的无穷次重复而得到的,则称为周期序列.例如,

$$010010010010010\cdots$$

就是一个周期序列,它是由 010 重复而得到的.周期序列中最短的被重复的有限序列称为该周期序列的一个循环,循环的长度称为周期.例如,序列

$$0101010101010101\cdots$$

可由重复 0101 而得到,也可由重复 01 而得到.它的最短的被重复的有限序列为 01,长度为 2,所以 01 是它的一个循环,2 是它的周期.又如,无穷二元序列

$$010010100101001\cdots$$

是周期为 5 的二元序列.

从密码学的角度来看,要求按规定算法产生的二元周期序列的周期相当大,如周期达到 2^{100} 的数量级,目的是使得周期序列的长度大于明文序列的长度,以达到不重复使用同一周期序列对明文加密;否则,破译者会从中取得一些有用的信息.同时,除了要求具有均匀性以外,用来加密的序列还要求具有**不可预测性**,即如果

有人知道了这个无穷序列的一部分,他不能预言或推出这个无穷序列接着出现的下一位是0还是1. 抛币产生的序列就具有不可预测性,因为每次抛币,0与1出现的概率都是 $\frac{1}{2}$. 不管已抛了多少次,下一次总是不可事先预测出来的. 当然,任何无穷周期序列由它的一个循环完全决定,即只要知道了一个循环就等于知道了整个序列. 因此,不具备不可预测性. 但是如果这个序列的周期非常大,加密时只用到这个序列的一个循环内的一部分,那么只需要求这个大周期序列在其循环内具有不可预测性就行了. 在实际应用中,把具有伪随机性质的序列当成具有"良好性质"的序列用来加密.

一个周期序列具有伪随机性质,它应该具有下面的4条性质:

性质 3.1 在序列的一个循环中,若周期为偶数,则1的个数和0的个数相同;若周期为奇数,则1的个数和0的个数差1.

性质 3.2 把连在一起的1(或0)称为1游程(或0游程),其中1(或0)的个数称为此游程的长度. 于是在序列的一个循环中,长为1的游程占游程总数的 $\frac{1}{2}$,长为2的游程占游程总数的 $\frac{1}{2^2}$,长为3的游程占游程总数

60

的 $\dfrac{1}{2^3}, \cdots$. 在同样长度的所有游程中, 1 游程和 0 游程大致各占一半.

设序列 $a_0 a_1 a_2 \cdots$ 的周期为 p, 令 $\eta(0) = 1, \eta(1) = -1$. 定义函数

$$
\begin{aligned}
C(t) = {} & \eta(a_0)\eta(a_t) + \eta(a_1)\eta(a_{t+1}) \\
& + \cdots + \eta(a_{p-1})\eta(a_{t+p-1}), \quad 0 \leqslant t < p,
\end{aligned}
$$

通常称 $C(t)$ 为序列的自相关函数.

性质 3.3 自相关函数 $C(t)$, 当 $t = 0$ 时取最大值, 而当 $t \neq 0$ 时, 函数值迅速减小.

性质 3.4 循环内具有不可预测性.

性质 3.1~ 性质 3.3 由戈龙姆 (S. Golomb) 提出, 性质 3.4 在施奈尔 (B. Schneier) 的书中可找到.

性质 3.1~ 性质 3.3 反映了一些统计特性, 容易检验. 而性质 3.4 是伪随机性质最本质的性质. 实际上, 可以证明要满足性质 3.4 必定得满足性质 3.1~ 性质 3.3, 但是它的判断是困难的. 因此, 密码学家不断提出新的检验伪随机性的办法.

例 3.1 设序列

$$
S_1 = 000100110101111000100110101111 \cdots,
$$

它的一个循环为

$$000100110101111 = a_0a_1a_2\cdots a_{14},$$

周期为 15. 在一个循环中, 0 的个数为 7, 1 的个数为 8, 相差 1, 因此, 满足性质 3.1.

因为 S_1 的一个循环中, 长为 1 的 0 游程有 2 个, 在 $a_8 = 0$ 和 $a_{10} = 0$ 处; 长为 1 的 1 游程有 2 个, 在 $a_3 = 1$ 和 $a_9 = 1$ 处; 长为 2 的 0 游程有 1 个, 在 $a_4a_5 = 00$ 处; 长为 2 的 1 游程有 1 个, 在 $a_6a_7 = 11$ 处; 长为 3 的 0 游程有 1 个, 在 $a_0a_1a_2 = 000$ 处; 长为 3 的 1 游程有 0 个, 长为 4 的 0 游程有 0 个; 长为 4 的 1 游程有 1 个, 在 $a_{11}a_{12}a_{13}a_{14} = 1111$ 处; 没有长为 5 以上的游程. 于是 S_1 的一个循环中游程总数为 8, 长为 1 的游程有 4 个, 占总数的 $\frac{1}{2}$; 长为 2 的游程有 2 个, 占总数的 $\frac{1}{2^2}$; 长为 3 的游程有 1 个, 占总数的 $\frac{1}{2^3}$; 长为 4 的游程有 1 个, 所以基本上满足性质 3.2.

计算 $C(t)$. 易见 $C(0) = 15$, $C(t) = -1$, 其中 $t = 1, 2, \cdots, 14$, 满足性质 3.3.

例 3.2 设序列

$$S_2 = 10000100101100111110001101110101010000\cdots,$$

它的一个循环为

$$1000010010110011111000110111010 = a_0a_1a_2\cdots a_{30},$$

S_2 的周期为 31. 在一个循环中, 0 的个数为 15, 1 的个数为 16, 相差 1, 满足性质 3.1.

在 S_2 的一个循环中, 长为 1 的 0 游程有 4 个, 在 $a_9 = 0, a_{24} = 0, a_{28} = 0$ 和 $a_{30} = 0$ 处; 长为 1 的 1 游程有 4 个, 在 $a_0 = 1, a_5 = 1, a_8 = 1$ 和 $a_{29} = 1$ 处; 长为 2 的 0 游程有 2 个, 在 $a_6a_7 = 00$ 和 $a_{12}a_{13} = 00$ 处; 长为 2 的 1 游程有 2 个, 在 $a_{10}a_{11} = 11$ 和 $a_{22}a_{23} = 11$ 处; 长为 3 的 0 游程有 1 个, 在 $a_{19}a_{20}a_{21} = 000$ 处; 长为 3 的 1 游程有 1 个, 在 $a_{25}a_{26}a_{27} = 111$ 处; 长为 4 的 0 游程有 1 个, 在 $a_1a_2a_3a_4 = 0000$ 处; 长为 4 的 1 游程有 0 个; 长为 5 的 0 游程有 0 个; 长为 5 的 1 游程有 1 个, 在 $a_{14}a_{15}a_{16}a_{17}a_{18} = 11111$ 处; 没有长为 6 以上的游程. 于是 S_2 的一个循环中游程总数为 16, 长为 1 的游程有 8 个, 占总数的 $\frac{1}{2}$; 长为 2 的游程有 4 个, 占总数的 $\frac{1}{2^2}$; 长为 3 的游程有 2 个, 占总数的 $\frac{1}{2^3}$; 长为 4 的游程有 1 个, 占总数的 $\frac{1}{2^4}$; 长为 5 的游程有 1 个, 所以基本上满足性质 3.2.

计算 $C(t)$. 有 $C(0) = 31, C(t) = -1(0 < t < 30)$, 满足性质 3.3.

从例 3.1 和例 3.2 可以看出, 周期大些的第二个序

列, 它的伪随机性质比第一个序列要好, 因为 S_1 和 S_2 都满足性质 3.1 和性质 3.3, 但对于性质 3.2, S_2 比 S_1 要好一些.

但是, 单纯周期大的序列并不能保证伪随机性质就好. 例如, 可以构造一个序列, 让它前面 $p-1$ 位全为 0, 第 p 位为 1, 把它作为一个循环, 重复得到一个周期为 p 的序列

$$\underbrace{000\cdots0}_{p-1}100\cdots0100\cdots01\cdots.$$

当 p 很大时, 这是一个大周期序列. 但是, 这个序列的规律性太强, 不符合要求. 而序列 S_1 和 S_2 虽然基本满足戈龙姆提出的三条性质, 伪随机性质看上去要好一些, 但是它们的周期太短, 不能用于实际中的加密. 这就促使我们研究如何构造出伪随机性质好的大周期序列, 用来作为加密明文用的具有 "良好性质" 的序列. 这正是下面将要讨论的问题. 关于性质 3.4 要求的不可预测性, 因为比较复杂, 就不讨论了.

3.3　线性反馈移位寄存器序列

在本节中, 介绍如何利用线性反馈移位寄存器构造

64

出伪随机性质好的, 确切地说, 是满足戈龙姆提出的三
条性质的大周期序列. 考虑序列

$$x_1 x_2 x_3 x_4 \cdots, \tag{3.8}$$

其中

$$x_{3+k} = x_{1+k} \oplus x_{2+k}, \quad k = 0, 1, 2, \cdots, \tag{3.9}$$

即 $x_3 = x_1 \oplus x_2$, $x_4 = x_2 \oplus x_3$, $x_5 = x_3 \oplus x_4$, $\cdots$. 易见这个序
列由 x_1, x_2 的值和 (3.9) 式完全确定. 例如, $x_1 = 0, x_2 = 1$,
则由 (3.9) 得到序列 011011011$\cdots$, 周期为 3.

将 (3.9) 式用

$$x_{4+k} = x_{1+k} \oplus x_{3+k}, \quad k = 0, 1, 2, \cdots \tag{3.10}$$

代替, 则序列 (3.8) 由 x_1, x_2, x_3 的值和 (3.10) 式完全确
定. 例如, $x_1 = 1, x_2 = 0, x_3 = 1$, 则由 (3.10) 得到序列
101001110100111010011$\cdots$, 周期为 7.

为了利用移位寄存器产生伪随机性质好的大周期
序列, 需要在集合 $\{0, 1\}$ 上定义乘法运算

$$0 \times 0 = 0 \times 1 = 1 \times 0 = 0, \quad 1 \times 1 = 1,$$

这与通常的整数乘法运算完全相同. 为简单起见, 通常
将 $a \times b$ 记为 $a \cdot b$ 或者 ab. 可用乘法器实现乘法运算, 乘
法器由图 3.3 给出.

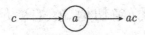

$$c \longrightarrow a \longrightarrow ac$$

图 3.3   乘法器

例 3.3   满足 (3.9) 式的序列可由图 3.4 中的 2 级 (即具有两个寄存器) 线性反馈移位寄存器产生, 其中方框表示寄存器.

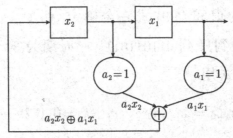

图 3.4   2 级线性反馈移位寄存器

例 3.4   满足 (3.10) 式的序列可由图 3.5 中的 3 级线性反馈移位寄存器产生. 由于 $a_2 = 0$, 所以乘法器的运

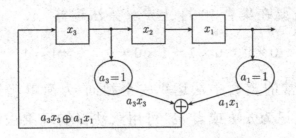

图 3.5   3 级线性反馈移位寄存器

算结果 a_2x 总为 0, 在加法运算中没有影响, 故可省去该乘法器.

将上面的两个例子推广, 得到产生周期序列的一个一般方法. 考虑二元序列

$$x_1x_2x_3\cdots, \tag{3.11}$$

满足

$$x_{n+1+k} = a_1x_{1+k} \oplus a_2x_{2+k} \oplus \cdots \oplus a_nx_{n+k}, \quad k = 0, 1, 2, \cdots, \tag{3.12}$$

其中 $a_1, a_2, \cdots, a_n$ 为 0 或 1. 于是序列 (3.11) 由 $x_1, x_2, \cdots,$ x_n 和 (3.12) 式完全确定, 即由 $x_1, x_2, \cdots, x_n$ 出发, 根据 (3.12) 式得到

$$x_{n+1} = a_1x_1 \oplus a_2x_2 \oplus \cdots \oplus a_nx_n,$$

$$x_{n+2} = a_1x_2 \oplus a_2x_3 \oplus \cdots \oplus a_nx_{n+1},$$

$$x_{n+3} = a_1x_3 \oplus a_2x_4 \oplus \cdots \oplus a_nx_{n+2},$$

$$\cdots\cdots$$

为讨论方便起见, 总假设 $a_1a_n \neq 0$, 即 $a_1 \neq 0$ 和 $a_n \neq 0$. 通常称 (3.12) 式为序列 (3.11) 的**线性递归关系**, 序列 (3.11) 叫做 n **级线性递归序列**, 而它的一个长为 n 的子序列 $x_{i+1}x_{i+2}\cdots x_{i+n}(0 \leqslant i < \infty)$ 称为序列的一个**状态**. 不难

看出, 由于 x_i 只可能是 0 或 1, 则序列所有可能的不同状态至多有 2^n 个. 因此, 序列 (3.11) 中必有两个状态相同. 假设

$$(x_{i+1}x_{i+2}\cdots x_{i+n}) = (x_{j+1}x_{j+2}\cdots x_{j+n}),$$

即 $x_{j+k} = x_{i+k}(j > i \geqslant 0, 1 \leqslant k \leqslant n)$. 于是序列 $x_{i+1}x_{i+2}\cdots$ 肯定是周期序列, 进而利用 $a_1 \neq 0$ 这一条件, 可以证明 $x_1x_2x_3\cdots$ 是周期序列.

n 级线性递归序列可以用 n 级线性反馈移位寄存器产生. 图 3.6 表示一个 **n 级线性反馈移位寄存器**. 在图 3.6 中, 第一排的 n 个方框代表 n 个寄存器, 从右往左依次称为第 1 级, 第 2 级, $\cdots$, 第 n 级寄存器. 每个寄存器都有两种可能的状态, 分别用 0 和 1 代表. 在图 3.6 中, 第二排是 n 个乘法器, 最下边是加法器. 设某个时刻, 第 1 级寄存器的状态是 x_1, 第 2 级寄存器的状态是 $x_2, \cdots$, 第 n 级寄存器的状态是 x_n. 按照图 3.6, 从右向左 n 个乘法器的输入端分别输入 $x_1, x_2, \cdots, x_n$, 输出分别为 $a_1x_1, a_2x_2, \cdots, a_nx_n$. n 个乘法器的输出是模 2 加法器的输入, 将它们作模 2 加后, 输出 $a_1x_1 \oplus a_2x_2 \oplus \cdots \oplus a_nx_n$. 当加上一个脉冲后, 各级寄存器就将所存内容按箭头方向转移给下一级寄存器, 第 1 级寄存器的内容 x_1 输出, 加法

器的计算结果按箭头方向反馈给第 n 级寄存器. 这样, 下一时刻第 1 级寄存器的内容是 x_2, 第 2 级寄存器的内容是 $x_3, \cdots$, 第 $n-1$ 级寄存器的内容是 x_n, 第 n 级寄存器的内容是 $a_1x_1 \oplus a_2x_2 \oplus \cdots \oplus a_nx_n$, 是由加法器的输出反馈而得到的. 然后, 不断计算反馈、移位、输出, 就得到序列 $x_1x_2x_3\cdots$, 通常称该序列为 **n 级线性反馈移位寄存器序列**, 它满足线性递归关系

$$x_{n+1+k} = a_1x_{1+k} \oplus a_2x_{2+k} \oplus \cdots \oplus a_nx_n, \quad k = 0, 1, 2, \cdots.$$

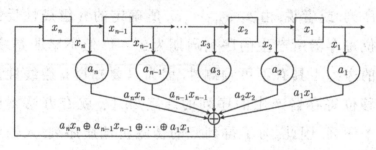

图 3.6 n 级线性反馈移位寄存器

希望利用线性反馈移位寄存器产生具有伪随机性质的序列, 并将其作为具有 "良好性质" 的序列. 可以证明, 由 n 级线性反馈移位寄存器所产生的序列的最大可能周期为 $2^n - 1$. 于是要问, 是否存在周期为 $2^n - 1$ 的 n 级线性反馈移位寄存器序列呢? 它们是否具有伪随机性质? 如果存在, 则它们又有多少呢? 这是作研究必问的问

题. 这些问题利用较深的数学知识(线性代数和有限域)可以给出肯定的回答. 对任意给定的正整数 n, 都确实存在周期为 $2^n - 1$ 的 n 级线性反馈移位寄存器序列, 而且可以证明它们满足戈龙姆提出的三个性质(性质 3.1~性质 3.3). 还可以知道, 这样的序列的个数为 $\dfrac{\phi(2^n - 1)}{n}$, 其中 ϕ 表示欧拉函数, 并且可以用代数的方法构造它们, 即知道如何给出 $a_1, a_2, \cdots, a_n$ 的值, 使得满足线性递归关系 $x_{n+1+k} = a_1 x_{1+k} \oplus a_2 x_{2+k} \oplus \cdots \oplus a_n x_{n+k}(k = 0, 1, 2, \cdots)$ 的序列, 或者说, 出 $a_1, a_2, \cdots, a_n$ 所确定的 n 级线性反馈移位寄存器所产生的序列周期为 $2^n - 1$. 但不幸的是, 这样的序列不具有不可预测性. 因为只要知道 n 级线性反馈移位寄存器产生的序列的连续 $2n$ 位, 就有办法得到整个序列. 因此, 为了得到好的伪随机性质序列, 人们对线性反馈移位寄存器进行了各种各样的改造. 至今, 它仍是密码学家研究的重要内容.

在流密码体制中, 密钥是序列形式的, 因此, 也称为密钥序列. 流密码算法的关键是构造具有伪随机性质的密钥序列. 密钥序列造得不好, 则容易被破译. 线性反馈移位寄存器序列可作为构造密钥序列的基础. 基于移位寄存器的流密码至今被广泛地应用于军用和商用密码中.

第4章

公钥密码体制

　　已经知道,基于电子技术的密码体制有两种,第3章讲述了其中的对称密码体制,即私钥密码体制.私钥密码体制的特点是加密密钥和解密密钥相同.如果使用私钥密码体制进行加密,则在传输密文前,要将密钥通过秘密信道传送给双方或由一方传给另一方.因此,它要求同时使用公开信道(用于传送密文)和秘密信道(也称为安全信道,用于传送密钥). 但是,如果在互联网上传输需要保密的信息,则通信的双方往往没有安全信道,加之使用互联网的用户非常多,要求他们两两之间都有一个安全信道根本是不可能的. 公钥密码体制的出现使上述问题迎刃而解.

　　在公钥密码体制中,解密密钥和加密密钥不同.加密密钥公开,解密密钥保密,和它很难从加密密钥中推出,加密密钥和解密密钥是分离的,通信的双方无需事先交换密钥就能建立保密通信. 公钥密码体制的概念或想

法是由棣菲 (Diffie) 和赫尔曼 (Hellman) 于 1976 年在美国国家计算机会议上首次提出的. 几个月后, 出版了他们具有开创性的论文《密码学的新方向》(*New Direction in Cryptography*), 由此引发了密码学的一场革命. 事实上, 他们的想法并不复杂, 但是很能解决问题. 他们的想法是, 对于需要保密通信的人 (称为用户), 每人分配一对密钥: 加密密钥和解密密钥. 加密密钥公开, 解密密钥保密. 例如, 可将用户的加密密钥集中公开在一个大家都可以访问的地方, 便于用户查询, 而解密密钥则由各个用户私自保管, 不能泄漏. 用户 A 如果想把一份消息或私钥密码体制中的密钥加密发送给用户 B, 他首先从公开的地方得到 B 的加密密钥, 用其对消息或密钥进行加密后, 通过公开信道发送给 B. B 收到密文后, 用自己的解密密钥对密文进行解密, 从而恢复出原始消息或密钥. 第三方即使得到密文, 但他不知道解密密钥, 于是, 很难恢复出原始信息或密钥. 因此, 用公钥密码体制可以解决私钥密码体制中的密钥传输问题. 施奈尔把公钥密码体制形象地比喻为开了窗口的密码保险柜做的信箱. 把邮件从窗口投进信箱相当于用公开密钥加密, 任何人都可以做. 取出邮件相当于用私人密钥解密, 一般

情况下, 打开保险柜很难.

公钥密码体制的想法有了, 下一步就要设计能够实现这一想法的密码算法. 因为如果这一想法不能用具体算法实现就毫无价值. 在本章中, 将介绍著名的 RSA 公钥密码算法, 这个算法是 R.Rivest, A.Shamir 和 L.Adlman 三人于 1977 年提出的, 故以他们三人名字的第一个字母命名.

在讲述具体算法之前, 先要给出公钥密码体制的一个严格叙述, 然后介绍公钥密码算法所基于的单向函数的概念, 最后讲 RSA 公钥密码算法.

4.1 公钥密码体制

公钥密码体制的基本思想是, 每一个通信者 (即用户) 都有一对配对的加密密钥和解密密钥. 将通信者 A 的加密密钥记作 E_A, 解密密钥记作 D_A, 其中 E 表示加密算法 (encrypt), D 表示解密算法 (decrypt), 于是有

通信者 (用户): A, B, C, $\cdots$,

加密密钥: $E_A, E_B, E_C, \cdots$,

解密密钥: $D_A, D_B, D_C, \cdots$.

公钥密码算法要求对任何消息 (或明文), 用加密密钥加

密后, 可以用对应的解密密钥解密得到原始消息, 用数学式子表示为

$$E_A(m) = c_A, \quad D_A(c_A) = m,$$

$$E_B(m) = c_B, \quad D_B(c_B) = m,$$

$$\cdots\cdots$$

即对任何用户, 如 A, 明文 m 用 A 的加密密钥 E_A 加密后得到密文 $c_A = E_A(m)$, 进而要求 A 可用自己的解密密钥将密文 c_A 解密, 这就是要求 $D_A(c_A) = m$.

在公钥密码体制中, 如果用户 A 要传给用户 B 消息 m (即明文), 则他们之间的保密通信由下面一系列工作完成:

(1) A 在公开密钥表中查出 B 的公开密钥, 即 B 的加密密钥 E_B;

(2) A 将明文 m 用 B 的加密密钥 E_B 进行加密, 得到密文 $c = E_B(m)$;

(3) A 将 c 发送给 B;

(4) B 收到 c 后, 用只有他自己知道的解密密钥 D_B 对 c 进行解密, 恢复出明文 m, 即 $D_B(c) = D_B(E_B(m)) = m$. 上述过程可用图 4.1 表示.

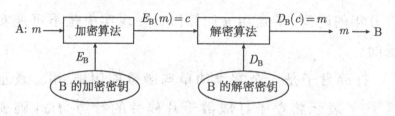

图 4.1   公钥密码体制

如果第三方截取到密文 $c = E_B(m)$, 由于他不知道接收者 B 的解密密钥, 要想破译是非常困难的.

在公钥密码体制中, 关键的一点是要求由公开的加密密钥推不出或很难推出解密密钥. 那么具有这种性质的变换是否存在呢? 如果不存在, 则这种体制就不能实现. 为此, 先要了解单向函数的概念.

4.2   单 向 函 数

单向函数 (one-way function) 的概念是公钥密码算法的基点. 单向函数, 直观地理解就是函数值的计算相对容易, 但求逆却非常困难的一类函数, 即对于函数 f 而言, 已知 x, 容易求出 $y = f(x)$; 但如果已知 y, 则很难计算出 x 满足 $f(x) = y$. 这里的 "难" 是指即使把世界上所有的计算资源都用来计算, 由 y 和 f 求 x 也要花费上

百万年的时间. 于是由 y 计算出 x 在现实中是不可能实现的.

打碎盘子是一个常用的单向函数的例子. 用 x 表示盘子, f 表示将盘子打成数千片碎片的行为, $f(x)$ 则表示盘子打碎后碎片的全体. 任给一个盘子 x, 很容易得到 $f(x)$, 这只要将盘子用力地扔在水泥地上就可以了. 然而, 要把所有的碎片再拼成一个完好的盘子是非常困难的. 当然, 这只是一个形象的比喻, 严格来说, 应该给出将碎片拼成盘子的工作量.

单向函数的概念听起来易懂、自然, 但如果按照严格的数学定义, 至今还不能证明单向函数的存在性, 更不知道如何构造一个满足定义的单向函数. 但是, 还是有很多的函数看起来像单向函数, 能够有效地计算函数值, 至今却还不知道有什么可行的算法能够求出它们的逆. 例如, p 和 q 是两个 100 位的十进制素数, 计算它们的乘积 $N = pq$ 在计算机上是不困难的. 但反之, 对一个 200 位的十进制数, 即使告诉你, 它是两个大素数的乘积, 分解它也是十分困难的. 这个函数就像单向函数. 说它"像", 是因为目前还没有可行的办法分解 200 位的大整数. 在当今的密码学中, 许多问题都是以假设单向函数

76

存在为前提的. 在实际应用中, 将两个大素数相乘以及其他一些函数当成单向函数用.

显然, 单向函数不能用于加密, 因为没有解密算法. 为此, 需要介绍另一个概念 —— 陷门单向函数.

陷门单向函数 (trapdoor one-way function) 是一类特殊的单向函数, 它们具有秘密陷门, 在一个方向上易于计算, 在其反方向上难于计算, 但是如果知道陷门, 则在反方向上也就容易计算了. 确切地说, 已知 x, 易于计算 $f(x)$; 但已知 $f(x)$, 很难计算 x; 不过有一个秘密消息 t (称为陷门), 一旦知道了 t 和 $f(x)$, 就容易计算出 x. 一个常举的例子就是, 让一个完全不熟悉手表的结构的人把表拆开是容易的, 但让他把打乱的零件重新组装成表就很困难. 然而, 如果他得到表的安装程序, 那么他就能轻而易举地把表还原.

公钥密码算法就相当于一个陷门单向函数. 因为加密密钥公开, 故加密消息很容易计算. 当不知道解密密钥时, 解密非常困难. 而一旦知道了解密密钥, 反方向计算 (即解密) 就很容易. 这里的解密密钥就是陷门单向函数的陷门.

思考题: 私钥密码算法是单向函数吗?

4.3 RSA 公钥密码算法

在本节中, 讲述由 R. Rivest, A. Shamir 和 L. Adlman 提出的公钥密码算法 RSA. 公钥密码算法 RSA 是基于大整数分解的困难性建立起来的, 其具体算法如下:

参加保密通信的每个用户都做如下工作:

4.3.1 参数的选取

(1) 参加保密通信的用户 X, 首先选择一对不同的大素数 p_x 和 q_x, 素数的大小为 100 位的十进制数, 这对大素数只有 X 本人知道, 不能外泄. 为获得最大程度的安全性, 要使这两个素数 p_x 和 q_x 的大小相近.

(2) 计算乘积 $n_x = p_x q_x$ 和 n_x 的欧拉函数值,

$$\phi(n_x) = (p_x - 1)(q_x - 1).$$

(3) 随机选取正整数 e_x, 使得 e_x 和 $\phi(n_x)$ 互素, 即 $(e_x, \phi(n_x)) = 1$.

(4) 用求两个整数最大公因子的辗转相除法计算 e_x 和 $\phi(n_x)$ 的整系数线性组合的系数 d_x 和 r_x, 使得

$$d_x e_x - r_x \phi(n_x) = 1. \tag{4.1}$$

于是

$$d_{\mathrm{x}} e_{\mathrm{x}} \equiv 1 \ (\mathrm{mod}\ \phi(n_{\mathrm{x}})).$$

(5) 取 $\{n_{\mathrm{x}}, e_{\mathrm{x}}\}$ 为用户 X 的加密密钥, 将其公开. 取 $\{d_{\mathrm{x}}\}$ 作为 X 的解密密钥, 由 X 自己秘密保管.

4.3.2　消息加密

如果 Y 要将消息 m 加密发送给 X, 则他要进行如下操作:

(1) 先将由 0, 1 组成的二元消息序列转换成相应的十进制数.

设 m 是长为 k 的 0 和 1 序列 $a_{k-1}a_{k-2}\cdots a_1 a_0$, 则相应的十进制数是 $a_{k-1}2^{k-1} + a_{k-2}2^{k-2} + \cdots + 2a_1 + a_0$, 这个数小于 2^k. 只要 $2^k < n_{\mathrm{x}}$, 就可以将长为 k 的 0,1 序列表示的信息用相应的十进制数来表示, 仍记为 m. 如果 $2^k \geqslant n_{\mathrm{x}}$, 则可以将二元消息序列分组, 使每组的十进制表示都小于 n_{x}, 然后对每组分别加密即可. 例如, 选 $n_{\mathrm{x}} = 5 \times 7 = 35$, $m = 11010$, 则 m 对应的十进制数是 $1 \times 2^4 + 1 \times 2^3 + 0 \times 2^2 + 1 \times 2^1 + 0 \times 2^0 = 26 < n_{\mathrm{x}}$, 因此, 将消息 m 看成是 26.

(2) Y 在公开的密钥表中查到 X 的加密密钥 $E_x = \{n_{\mathrm{x}}, e_{\mathrm{x}}\}$.

(3) Y 利用 X 的加密密钥对 m 进行加密计算得到密文 c,

$$c = E_{\mathrm{x}}(m) \equiv m^{e_{\mathrm{x}}} \pmod{n_{\mathrm{x}}}.$$

该式表明 E_{x} 由 $E_{\mathrm{x}}(m) \equiv m^{e_{\mathrm{x}}} \pmod{n_{\mathrm{x}}}$ 定义.

(4) Y 将密文 c 传送给 X.

4.3.3 消息解密

X 收到密文 c 后, 用他的解密密钥 D_{x} 对其进行解密, 恢复出明文. 解密算法 D_{x} 由 $D_{\mathrm{x}}(c) \equiv c^{d_{\mathrm{x}}} \pmod{n_{\mathrm{x}}}$ 给出, 于是

$$D_{\mathrm{x}}(c) = D_{\mathrm{x}}(E_{\mathrm{x}}(m)) \equiv D_{\mathrm{x}}(m^{e_{\mathrm{x}}}) \equiv m^{e_{\mathrm{x}} \cdot d_{\mathrm{x}}} \pmod{n_{\mathrm{x}}}.$$

可以证明

$$m^{e_{\mathrm{x}} d_{\mathrm{x}}} \equiv m \pmod{n_{\mathrm{x}}}, \tag{4.2}$$

解密成功.

下面给出 (4.2) 式的证明.

根据 (4.1) 式,

$$d_{\mathrm{x}} e_{\mathrm{x}} = r_{\mathrm{x}} \phi(n_{\mathrm{x}}) + 1 = r_{\mathrm{x}}(p_{\mathrm{x}} - 1)(q_{\mathrm{x}} - 1) + 1,$$

所以 $m^{e_{\mathrm{x}} d_{\mathrm{x}}} = m^{r_{\mathrm{x}}(p_{\mathrm{x}}-1)(q_{\mathrm{x}}-1)} \times m$.

下面证明

$$m^{r_\mathrm{x}(p_\mathrm{x}-1)(q_\mathrm{x}-1)} \times m \equiv m \pmod{n_\mathrm{x}}.$$

分两种情况讨论.

(1) 如果 $p_\mathrm{x} \nmid m$, 根据欧拉定理 (定理 A.7), 则有 $m^{(p_\mathrm{x}-1)} \equiv 1 \pmod{p_\mathrm{x}}$, 于是

$$m^{r_\mathrm{x}(p_\mathrm{x}-1)(q_\mathrm{x}-1)} \equiv 1 \pmod{p_\mathrm{x}},$$

所以 $m^{r_\mathrm{x}(p_\mathrm{x}-1)(q_\mathrm{x}-1)} \times m \equiv m \pmod{p_\mathrm{x}}$.

(2) 如果 $p_\mathrm{x} \mid m$, 则显然有

$$m^{r_\mathrm{x}(p_\mathrm{x}-1)(q_\mathrm{x}-1)} \times m \equiv m \pmod{p_\mathrm{x}}.$$

同理, $m^{r_\mathrm{x}(p_\mathrm{x}-1)(q_\mathrm{x}-1)} \times m \equiv m \pmod{q_\mathrm{x}}$. 再根据唯一因子分解定理和 $(p_\mathrm{x}, q_\mathrm{x}) = 1$, 得到

$$m^{r_\mathrm{x}(p_\mathrm{x}-1)(q_\mathrm{x}-1)} \times m \equiv m \pmod{p_\mathrm{x}q_\mathrm{x}},$$

即 $m^{e_\mathrm{x}d_\mathrm{x}} \equiv m \pmod{n_\mathrm{x}}$, (4.2) 得证.

在公钥密码算法中, 通常, 加密密钥也称为**公钥**或**公开密钥**, 解密密钥也称为**私钥**或**秘密密钥**.

RSA 公钥密码算法的整个过程可用图 4.2 表示.

> 公钥: $\{n, e\}$, 其中 n 为两个不同的大素数 p 和 q 的积, 即
>
> $\quad\quad n = p \times q$ (p 和 q 必须保密), e 为随机选取的正整数,
>
> $\quad\quad$ 并且与 $\phi(n) = (p-1)(q-1)$ 互素
>
> 私钥: $d \equiv e^{-1} (\bmod \phi(n))$
>
> 加密: $c \equiv m^e (\bmod n)$
>
> 解密: $m \equiv c^d (\bmod n)$

图 4.2　RSA 公钥密码算法

现在举一个简单的例子加以说明.

取 $p = 5$, $q = 11$, 则 $n = 55$, $\phi(n) = 4 \times 10 = 40$.

取 $e = 7$, $(e, \phi(n)) = (7, 40) = 1$.

利用辗转相除法得到 $23 \times 7 - 4 \times 40 = 1$, 所以 $d = 23$. 注意: 利用辗转相除法有可能得到另一个公式 $-17 \times 7 + 3 \times 40 = 1$, 于是 $d = -17$, 则 $d \equiv e^{-1} \equiv -17 \equiv 23 \ (\bmod 40)$, 最好使 d 为正数, 因为求负幂次运算较麻烦.

令 X 的公开密钥为 $\{55, 7\}$, 公开; X 的私人密钥为 $\{23\}$, 保密, p 和 q 也要保密. 如果 Y 要发送给 X 的消息是长为 2 的 0,1 二元序列 11, 将它转换成十进制数 $1 \times 2^0 + 1 \times 2^1 = 3$, 然后用 X 的公开密钥对 3 进行加密变换 $3 \to E_X(3) \equiv 3^e \equiv 3^7 \equiv 42 \ (\bmod 55)$, 再将密文 42 转换成 0,1 序列 101010 发送给 X.

X 收到 101010 后, 先将它转换成十进制数 42, 然后利用他的私人密钥进行解密 $42 \to D_x(42) \equiv 42^d \equiv 42^{23} \equiv 3 \pmod{55}$, 再将 3 转换为二进制表示 $3 = 1 \times 2^0 + 1 \times 2^1$, 就得到明文二元序列 11.

要使用 RSA 公钥密码算法, 首先需要找到一些大素数. 对于比较小的正整数, 判断它是否是素数当然不困难, 最直接的方法就是用已知的小素数去试除. 例如, 135 可被 5 除尽, 121 可被 11 除尽, 因而都不是素数. 对较大的数可以借助计算机来做. 但是, 如果数非常大, 如 100 位, 甚至 200 位的十进制数, 要判断它是否是素数就很不容易. 素数判定问题是一个古老的数学问题, 由于密码学的需要, 近些年对这个问题的研究变得十分活跃. 在 2005 年, 印度理工学院计算机科学和工程系的教授马宁德拉·阿格拉瓦和他的两位在校本科学生尼拉叶·卡雅尔和尼汀·萨克斯特纳合作给出了一个素数判定算法, 这个素数判定算法被专家称为简洁但不平凡的算法, 震惊了学术界. 他们成功的关键是采用了崭新的思路. 现在的素数判定算法, 使用快速计算机处理 100 位的数只要 20 到 30 秒, 而处理 200 位的数也只需要几分钟. 另一方面, RSA 的安全性依赖于大整数分解的困难性, 只要

解决了大整数分解, 就可破译 RSA 算法. 这是因为由公开密钥 $\{n, e\}$, 再利用大整数分解得到 p 和 q, 算出 $\phi(n) = (q-1)(p-1)$. 再利用辗转相除法, 由 e 和 $\phi(n)$ 算出 d, 就获得了解密密钥, 从而轻松解密. 但是直到目前为止, 还没有一个可行的大整数分解算法. 通过使用现有的世界上的计算资源, 还不能分解 200 位以上的十进制大整数. 因此, 现在在 RSA 密码算法中使用具有 200 位以上的十进制大整数 n 是安全的.

第5章 ⋯⋯⋯⋯⋯⋯⋯⋯⋯⋯⋯⋯⋯⋯⋯⋯⋯⋯⋯⋯⋯⋯⋯⋯⋯⋯⋯⋯⋯⋯

数字签名、身份识别和密钥交换

数字签名、身份识别和密钥交换在电子商务和电子政务中有广泛的应用,它们在信息安全和密码学中都是重要的内容. 在此,要给出一个具体的 ElGamal 数字签名算法和棣菲–赫尔曼密钥交换算法,并介绍它们所依赖的离散对数问题,同时简单介绍一个用于身份识别的口令认证系统.

5.1　数字签名方案

一个数字签名方案由签名算法和验证算法组成,签名算法用 $\mathrm{Sig}(\cdot)$ 表示,验证算法用 $\mathrm{Ver}(\cdot,\cdot)$ 表示. 签名者 X 的签名算法表示为 $\mathrm{Sig}_{\mathrm{x}}(\cdot)$,与 X 的签名算法同时给出的验证算法用 $\mathrm{Ver}_{\mathrm{x}}(\cdot,\cdot)$ 表示. 对任何消息 m 和签名 s,$\mathrm{Ver}_{\mathrm{x}}(m,s)=0$ 或 1. 如果 $\mathrm{Ver}_{\mathrm{x}}(m,s)=1$,则表示签名有效;如果 $\mathrm{Ver}_{\mathrm{x}}(m,s)=0$,则表示签名无效.

X 要将一个消息 m 签了名之后发送给 Y,并且 Y 收

到 X 的签名后要进行验证,那么 X 和 Y 要依次做下面的工作:

(1) X 先用自己的签名算法 Sig_x 签在 m 上,即作用在 m 上,得到 $\text{Sig}_x(m) = s$, s 就是 X 对消息 m 的签名;

(2) X 将消息和签名,即 (m, s),一起发送给 Y;

(3) Y 收到 (m, s) 后,用 X 的验证算法 Ver_x 来检验 X 的签名是否有效. 如果 $\text{Ver}_x(m, s) = 1$,则证明签名确实是 X 的有效签名;否则,签名是 X 的无效签名.

5.2　离散对数问题

为了介绍用于数字签名的 ElGamal 数字签名算法和后面的密钥交换算法,需要了解**离散对数问题** (discrete logarithm problem). 离散对数问题也是许多密码算法所基于的一个重要的数学问题.

设 p 是素数,取 g 为模 p 的原根 (见附录 A.6 节),模 p 的相对基底 g 的离散对数问题,是指对任何整数 y 和 $p \nmid y$,求正整数 x,使其满足 $y \equiv g^x \pmod{p}$. 由于 g 是模 p 的原根,所以一定存在这样的 x. 当 p 较小时,可计算 $g, g^2, g^3, \cdots$,直到找到 x 满足 $y \equiv g^x \pmod{p}$ 为止. 例如,当 $p = 5$ 时,$g = 2$ 是模 5 的一个原根. 如果 $y = 3$,则

$x = 3$, 因为 $3 \equiv 2^3 \pmod 5$. 当 p 很大时, 这个方法就不现实了. 至今, 人们认为, 对大素数 p, 由 y 求 x 是难解的数学问题.

5.3　ElGamal 数字签名算法

ElGamal 数字签名算法是基于离散对数难解这一数学问题而设计的一个用于数字签名的算法.

签名者 X 首先需要产生一对密钥: 加密密钥和解密密钥. 为此, 他先选择一个大素数 p, 如 190 位的素数, 和模 p 的一个原根 g. 再随机地选取小于 p 的非零正整数 x, 计算 $y \equiv g^x \pmod p$. 于是 X 确定自己的公开的加密密钥为 $\{y, g, p\}$, 私人的解密密钥为 $\{x\}$, x 只有 X 本人知道. 若 X 要将一个消息 m (m 用十进制数表示且有 $m < p$) 签名之后发送给 Y, X 和 Y 要依次做下面的工作:

(1) X 随机选取正整数 k, 使得 $k < p$, 并且 k 满足 $(k, p-1) = 1$, 即 k 与 $p-1$ 互素, 然后计算 $a \equiv g^k \pmod p$, 并且 a 满足 $0 \leqslant a < p$.

(2) X 解同余方程 $m \equiv ax + kb \pmod{(p-1)}$, 其中 m 为要签名的消息, a 在 (1) 中已算出, x 为 X 的私人密钥, k 在

(1) 中已选出, 因此, m, a, x, k 都是已知的. 由于 $(k, p-1) =$
1, 则可解同余方程求出 $b \equiv k^{-1}(m-ax) \pmod{(p-1)}$ (见
推论 A.2).

(3) X 将对 m 的签名 $\{a, b\}$ 发送给 Y, 即 $\mathrm{Sig}_x(m) =$
$s = \{a, b\}$, 同时将消息 m 也发送给 Y.

(4) Y 收到 $\{a, b\}$ 及 m 后利用 X 的公钥 $\{y, g, p\}$ 验证
同余式

$$g^m \equiv y^a a^b \pmod{p} \tag{5.1}$$

是否成立. 如果 (5.1) 式成立, 则承认签名有效; 如果 (5.1)
式不成立, 则签名无效. 这是因为由 (2) 中的同余方程及
欧拉定理有

$$g^m \equiv g^{ax+kb} \equiv (g^x)^a (g^k)^b \equiv y^a a^b \pmod{p}.$$

于是

$$\mathrm{Ver}_x(m, \{a, b\}) = \begin{cases} 1, & \text{同余式 (5.1) 成立}, \\ 0, & \text{同余式 (5.1) 不成立}. \end{cases}$$

这个算法使我们具体看到数字签名, 有人也称它为
电子签名, 是签在整个消息上的, 而不像手签的签名,
是独立于消息的. 私钥 x 通过随机数 k 和 $m \equiv ax +$

$kb \pmod{(p-1)}$ 对签名 (a,b) 做贡献. 取 $a \equiv g^k \pmod{p}$ 是为了构造验证同余式.

ElGamal 签名及验证过程可由图 5.1 给出.

签名者:

初始选取: p : 大素数

g : 模 p 的一个原根

x : 随机选取的正整数, $1 < x < p-1$

$y = g^x \pmod{p}$

公开密钥: p, g, y

秘密密钥: x

对输入消息 m 签名:

随机选取正整数 k 且 $(k, p-1)=1$

计算签名 $\{a,b\}$: $a \equiv g^k \pmod{p}$, $b \equiv k^{-1}(m-ax) \pmod{(p-1)}$

发送 $(m,\{a,b\})$ 给验证者

验证者:

收到消息 m 和签名 $\{a,b\}$ 后, 验证

如果 $g^m \equiv y^a a^b \pmod{p}$, 则 $\mathrm{Ver}_X(m,\{a,b\})=1$, 认可签名有效;

如果 $g^m \not\equiv y^a a^b \pmod{p}$, 则 $\mathrm{Ver}_X(m,\{a,b\})=0$, 签名无效.

图 5.1 ElGamal 数字签名算法

例如, X 取 $p = 13, g = 2, x = 5$, 计算 $y \equiv g^x \equiv 2^5 \equiv$

6 (mod 13), 则 X 的公钥为 $\{p = 13, g = 2, y = 6\}$, 私人密钥为 $\{x = 5\}$. 若消息 $m = 8$ (已化为十进制数), 则 X 和 Y 执行如下步骤:

X 签名: 任意选 $k = 7$, $(k, p-1) = (7, 12) = 1$; 计算 $a \equiv g^k \equiv 2^7 \equiv 11 \pmod{13}$. 解同余方程 $m \equiv ax + kb \pmod{(p-1)}$, 即

$$8 \equiv 11 \times 5 + 7b \pmod{12},$$

得到 $b \equiv 6 \pmod{12}$. 将签名 $\{a, b\} = \{11, 6\}$ 和消息 $m = 8$ 发送给对方.

Y 验证签名: 计算 $y^a a^b \pmod{p}$ 和 $g^m \pmod{p}$, 即

$$y^a a^b \equiv 6^{11} 11^6 \equiv 2 \pmod{13}, \quad g^m \equiv 2^8 \equiv 2 \pmod{13},$$

(5.1) 式成立, 于是 Y 认为 X 的签名有效.

5.4 身份识别

与数字签名密切相关的是**身份识别**. 虽然数字签名中包括对签名的验证, 但是有时, 需要对签名者的身份进行识别和确认. 实际上, 在现实世界中, 有许多场合都需要对参加者进行身份识别. 在虚拟世界中, 身份识别

就是要确认通过互联网使用某些非公开数据或资源的人的身份是否合法, 即判别用户是否是具有合法授权的使用者. 例如, 使用网银的客户想通过计算机终端或手机终端进入他的账户, 为了保证账户安全, 他首先要向他的开户银行申请取得授权. 银行根据他的身份识别信息 ID 和由申请者自己提供的一个秘密口令 PW 之后, 在系统中建立申请者的口令档案 {ID, PW}. 身份识别信息 ID 通常由用户的身份证号和银行账号等组成, 秘密口令由用户随机选择 6 位或 6 位以上的字母数字串组成. 当用户登陆该银行的网银系统时, 要输入他的身份识别信息 ID 和秘密口令 PW$'$. 系统从口令档案取出他的 {ID, PW}. 验证 PW = PW$'$ 是否成立. 如果成立, 则验证通过, 确认该申请者具有合法授权, 允许进入他的网银账户, 完成授权; 否则, 确认该用户不是合法授权人, 不予登陆. 为保证系统安全, 通常系统不直接储存秘密口令 PW, 而是用一单向函数 f 将口令 PW 加密成 $f(\text{PW})$, 储存 $f(\text{PW})$.

毋庸置疑, 身份识别是信息安全的一个重要内容, 对身份识别的研究具有非常现实的意义.

5.5   棣菲—赫尔曼密钥交换算法

已经知道, 一个密码体制的安全性依赖于密钥. 有时, 通信的双方需要共同使用一个秘密密钥, 那么如何使通信的双方共有一个秘密密钥呢? 如果仅由一方选定这个共用的秘密密钥, 则他需要通过一个安全信道将该密钥传送给另一方, 但如果没有安全信道时该怎么办呢? 另一方面, 仅由一方选定这个共用的秘密密钥不太公平, 怎样做才能使双方处于平等的地位呢? 在 1976 年棣菲和赫尔曼设计了一个基于离散对数难解性的密钥分配算法. 通信的双方可以用该算法通过公开信道产生共用的秘密密钥.

棣菲–赫尔曼密钥交换算法如下:

A 和 B 想共同产生一个共用的秘密密钥, 为此, 他们首先共同协商一个大素数 p 和模 p 的原根 g, p 和 g 不需要保密. 然后进行如下步骤:

(1) A 随机选取一个大的正整数 $x(1 < x < p-1)$, x 只有 A 本人知道. 然后, A 计算 $X \equiv g^x \pmod{p}$, 将 X 发送给 B.

(2) B 随机选取一个大的正整数 $y(1 < y < p - 1)$, y 只有 B 本人知道. 然后, B 计算 $Y \equiv g^y \pmod{p}$, 将 Y 发送给 A.

(3) A 计算 $k \equiv Y^x \pmod{p}$, 并使得 $0 \leqslant k < p$.

(4) B 计算 $k' \equiv X^y \pmod{p}$, 并使得 $0 \leqslant k' < p$.

由于 $k \equiv Y^x \equiv (g^y)^x \equiv g^{yx} \pmod{p}$, $k' \equiv X^y \equiv (g^x)^y \equiv g^{xy} \pmod{p}$, 于是 $k \equiv k' \pmod{p}$, 进而由于 $0 \leqslant k < p$ 和 $0 \leqslant k' < p$, 则 $k = k'$, 取 k 为 A 和 B 协商的共同密钥. 对于窃听者, 他们只能掌握 p, g, X 和 Y. 要想通过 $X \equiv g^x \pmod{p}$ 和 $Y \equiv g^y \pmod{p}$ 得到 x 和 y, 就得解离散对数问题, 这是非常困难的. 因此, 他们无法计算 g^{xy}, 即得不到密钥 $k = g^{xy}$.

例如, A 和 B 共同取素数 $p = 13$ 和模 13 的原根 $g = 2$.

(1) A 随机选取一个正整数 $x = 4$, 计算 $X \equiv g^x \equiv 2^4 \equiv 3 \pmod{13}$, 将 3 发送给 B;

(2) B 随机选取一个正整数 $y = 5$, 计算 $Y \equiv g^y \equiv 2^5 \equiv 6 \pmod{13}$, 将 6 发送给 A;

(3) A 计算 $k \equiv Y^x \equiv 6^4 \equiv 9 \pmod{13}$;

(4) B 计算 $k' \equiv X^y \equiv 3^5 \equiv 9 \pmod{13}$;

(5) A 和 B 共同的秘密密钥是 $k = k' \equiv 9 \pmod{13}$.

　　介绍上面这个例子的目的是为了使大家了解算法的具体步骤, 它在实际中当然是不能用的. 要在实际中应用, 大素数 p 一般是 100~200 位的十进制数.

第6章

密钥共享

已经知道,一个密码体制的安全取决于密钥.在密码体制中频繁地更换密钥是保证安全的一种手段,但是这种方法在大信息量的今天是不现实的,因为这样做会使通信效率降低.因此,密钥管理 (key management) 就成了密码技术的核心内容之一.著名密码学家施奈尔认为在现实世界中,密钥管理是密码学领域最困难的部分.密钥管理包括密钥的生成、储存、传输、使用、更新、销毁等内容.在本章中,不打算一一讲述它们,只讨论对一类极为关键的密钥如何储存才能保证安全,即密钥共享问题.

密码学家常常会举下面的例子:如何控制核导弹发射程序的密钥,或者说核按钮?这当然是现实世界中的重大问题.如果把此密钥,通常称为主密钥,只由一人保管,即使他是总统,如果别人无法监督他,这也是不安全的,更何况他还可能把密钥丢失或忘记.如果将此密

钥同时交给多人保管, 当然就更不安全了. 密码学家想到一个办法, 就是提供几个与主密钥相关的信息, 如把 4 个与主密钥相关的信息分发给 4 个高级官员, 每个人得到的信息称为子密钥. 设计一个算法, 使得只有当 4 个官员中的至少三个同时出示他们的子密钥时, 才可以通过执行设计的算法恢复出主密钥. 与此同时, 任何少于三个官员的子密钥放在一起都无法得到主密钥. 密码学家称此为**密钥共享** (secret sharing), 也称为**秘密分享**. 这种共享方式即使任何一个或两个官员出问题, 主密钥都不会泄漏出去, 只有至少三个官员的合谋作弊才能泄漏出主密钥, 而实际上三个高官合谋作弊的可能性是很小的. 因此, 利用密钥共享可以更安全地储存密钥.

　　密钥共享的核心思想是不直接储存主密钥, 而是分散地储存一些子密钥, 需要时可以将某些子密钥按照给定的算法合成主密钥. 下面先介绍用于密钥共享算法的拉格朗日插值多项式, 然后讲门限密钥共享体制和 A. Shamir 用多项式插值实现门限密钥共享体制的算法.

6.1　拉格朗日插值多项式

令 $f(x) = 2x^2 + x + 1$. 假设 B 只知道 $f(x)$ 是一个二次

多项式, 不知道 $f(x)$ 的表达式, 即不知道 $f(x)$ 的系数. 如果 B 由 A 处得到 $f(x)$ 确定的三组值 $(x_1 = 1, y_1 = f(1) = 4)$, $(x_2 = 2, y_2 = f(2) = 11)$, $(x_3 = 3, y_3 = f(3) = 22)$, 则 B 可利用 (x_1, y_1), (x_2, y_2), (x_3, y_3) 和下面的公式求出 $f(x)$ 的系数. 事实上, B 取

$$h(x) = y_1 \frac{(x - x_2)(x - x_3)}{(x_1 - x_2)(x_1 - x_3)} + y_2 \frac{(x - x_1)(x - x_3)}{(x_2 - x_1)(x_2 - x_3)}$$

$$+ y_3 \frac{(x - x_1)(x - x_2)}{(x_3 - x_1)(x_3 - x_2)}$$

$$= 4 \frac{(x - 2)(x - 3)}{(1 - 2)(1 - 3)} + 11 \frac{(x - 1)(x - 3)}{(2 - 1)(2 - 3)}$$

$$+ 22 \frac{(x - 1)(x - 2)}{(3 - 1)(3 - 2)}$$

$$= 2(x^2 - 5x + 6) - 11(x^2 - 4x + 3) + 11(x^2 - 3x + 2)$$

$$= 2x^2 + x + 1.$$

容易验证 $h(1) = y_1 = f(1)$, $h(2) = y_2 = f(2)$, $h(3) = y_3 = f(3)$. 根据 "两个二次多项式如果在三个不同点的取值都相同, 则这两个多项式必定相等" 这一性质, 可以推出 $h(x) = f(x)$. 下面讨论一般情形.

设 $f(x) = a_{t-1}x^{t-1} + a_{t-2}x^{t-2} + \cdots + a_1 x + a_0$ 是一个以 x 为变元的 $t-1$ 次多项式, 则 $f(x)$ 由它的系数全体

$\{a_{t-1}, a_{t-2}, \cdots, a_1, a_0\}$ 唯一确定. 有时不知道 $f(x)$ 的系数,
但是知道 x_i 和 $f(x_i)$ 的对应关系, 即当 $x = x_1$ 时, $f(x_1) = y_1$; 当 $x = x_2$ 时, $f(x_2) = y_2$; $\cdots$; 当 $x = x_t$ 时, $f(x_t) = y_t$. 也
就是说, 知道一组值 (x_1, y_1), (x_2, y_2), $\cdots$, (x_t, y_t), 这可能
是有人利用 $f(x)$ 计算出来的, 但是他拒绝告诉我们 $f(x)$
的表达式. 然而, 如果 $x_1, x_2, \cdots, x_t$ 两两不同, 则根据这
一组值, 利用下面的拉格朗日插值公式可以得到 $f(x)$ 的
表达式:

$$
\begin{aligned}
h(x) = {} & y_1 \frac{(x - x_2)(x - x_3) \cdots (x - x_t)}{(x_1 - x_2)(x_1 - x_3) \cdots (x_1 - x_t)} \\
& + y_2 \frac{(x - x_1)(x - x_3) \cdots (x - x_t)}{(x_2 - x_1)(x_2 - x_3) \cdots (x_2 - x_t)} \\
& + \cdots \\
& + y_t \frac{(x - x_1)(x - x_2) \cdots (x - x_{t-1})}{(x_t - x_1)(x_t - x_2) \cdots (x_t - x_{t-1})},
\end{aligned} \tag{6.1}
$$

其中 $h(x)$ 为一个 $t-1$ 次多项式, 每个加项的分母都是
一个数, 分子是一个 $t-1$ 次多项式. 容易验证 $x = x_1$,
$h(x_1) = y_1$; $x = x_2$, $h(x_2) = y_2$; $\cdots$; $x = x_t$, $h(x_t) = y_t$. 由于
有性质 "两个 $t-1$ 次多项式, 如果在 t 个不同的点上取
值都相同, 则这两个多项式必定相同", 所以 $h(x) = f(x)$.
于是将 $h(x)$ 的各被加项展开成多项式形式, 再合并同类
项, 就得到 $f(x)$. 下面举一个例子说明利用 (6.1) 式的过

程.

例如, $f(x) = 2x^3 + 4x^2 + 2x + 1$, A 知道 $f(x)$ 的表达式, 但 B 不知道. A 计算 $\{(x_1 = 0, y_1 = 1),\ (x_2 = 1, y_2 = 9),\ (x_3 = 2, y_3 = 37),\ (x_4 = 3, y_4 = 97)\}$, 然后将这一组值传给 B. B 凭借这组值, 利用 (6.1) 式就可计算出 $f(x)$ 的表达式为

$$
\begin{aligned}
h(x) =\ & 1 \times \frac{(x-1)(x-2)(x-3)}{(0-1)(0-2)(0-3)} \\
& + 9 \times \frac{(x-0)(x-2)(x-3)}{(1-0)(1-2)(1-3)} \\
& + 37 \times \frac{(x-0)(x-1)(x-3)}{(2-0)(2-1)(2-3)} \\
& + 97 \times \frac{(x-0)(x-1)(x-2)}{(3-0)(3-1)(3-2)} \\
=\ & \frac{x^3 - 6x^2 + 11x - 6}{-6} + 9\,\frac{x^3 - 5x^2 + 6x}{2} \\
& + 37\frac{x^3 - 4x^2 + 3x}{-2} + 97\frac{x^3 - 3x^2 + 2x}{6}.
\end{aligned}
$$

再计算 $h(x)$ 的各项系数,

$$x^3 \text{ 的系数:} \quad -\frac{1}{6} + \frac{9}{2} - \frac{37}{2} + \frac{97}{6} = 2,$$

$$x^2 \text{ 的系数:} \quad 1 - \frac{45}{2} + \frac{37}{2} \times 4 - \frac{97}{6} \times 3 = 4,$$

99

x 的系数： $-\dfrac{11}{6}+9\times\dfrac{6}{2}-\dfrac{37}{2}\times 3+\dfrac{97}{6}\times 2=2,$

常数项： $1\times\dfrac{6}{6}+0=1,$

从而 B 得到多项式 $h(x)=2x^3+4x^2+2x+1$, 这正是 A 所掌握的多项式 $f(x)$.

注意：利用拉格朗日插值公式时, 所选取的 $x_1,x_2,\cdots,$ x_t 必须两两不同; 否则, 会出现分母为 0 的情况, 这就没有意义了. 另外, 对于 $t-1$ 次多项式, 需要 t 组值才能确定其表达式.

在密码学中用到的多项式的系数一般取自 $\mathbb{Z}_p$ (见附录 A.4 节). 例如, $p=5$, $f(x)=x^3+3x^2+2x+1$, 但这种写法是不严格的, 因为 $\mathbb{Z}_p$ 中的元都是模 p 的剩余类代表元. 因此, 严格来说, $f(x)\equiv x^3+3x^2+2x+1\,(\mathrm{mod}\,5)$. 这时, 所有的计算都是模 p 意义下的, 如 $f(1)\equiv 1+3+2+1\equiv 7\equiv 2\,(\mathrm{mod}\,5)$. 通常, 称数 $a\in\mathbb{Z}_p$ 是指 a 代表的剩余类 $\bar{a}\in\mathbb{Z}_p$. 数 a 和 b 在 $\mathbb{Z}_p$ 中不同是指 a 和 b 模 p 不同余.

6.2 门限密钥共享体制

(t,n) 门限密钥共享体制是指 n 个人有资格共享主密钥 a_0, 每个人掌握与 a_0 有关的一部分信息 (称为各

自的子密钥), 使得如果 n 个人中的至少 $t(t \leqslant n)$ 个将他们的子密钥放在一起才可以恢复出主密钥 a_0, 同时任何少于 t 个的人的子密钥放在一起都得不到主密钥的任何信息. 通常称 t 为门限.

1979 年, A.Shamir 基于拉格朗日插值公式提出了一个简单且实用的门限密钥共享算法. 这个算法中涉及的运算都在 $\mathbb{Z}_p$ 中进行, 多项式的系数都取自 $\mathbb{Z}_p$, 而且素数 p 取得很大, 这样对于不太大的 t, 在 $\mathbb{Z}_p$ 中都可取到 t 个两两不同的数. 同时, 对于 $b \in \mathbb{Z}_p$ 和 $b \neq 0$, 用辗转相除法可以求出 $\dfrac{1}{b} = b^{-1} \pmod{p}$. 例如, $p = 13, f(x) \equiv \dfrac{3}{2}x^3 + \dfrac{x}{6} + 1 \pmod{13}$, 计算得 $2^{-1} \equiv 7 \pmod{13}$, $6^{-1} \equiv 11 \pmod{13}$, 于是 $f(x) \equiv 21x^2 + 11x + 1 \equiv 8x^2 + 11x + 1 \pmod{13}$. 为了保证模 p 多项式 $f(x)$ 表示式的唯一性, 只需要求 $f(x)$ 的每个系数都在 0 和 $p-1$ 之间.

A. Shamir 利用拉格朗日插值构造的门限密钥共享算法如下:

假设 n 个人 $P_1, P_2, \cdots, P_n$ 共享密钥 k, t 是共享的门限, 则

(1) 首先可信中心 (即用户可以完全信任的机构) 选一个大素数 p, 并且在 $\mathbb{Z}_p$ 中随机选取 $t - 1$ 个数 a_{t-1},

$a_{t-2}, \cdots, a_1$. 令 $a_0 = k$, 构造多项式 $f(x) = a_{t-1}x^{t-1} + a_{t-2}x^{t-2} + \cdots + a_1 x + a_0$. 可信中心将多项式保密, 即系数保密, 但 p 必须公开;

(2) 可信中心选取 n 个模 p 非零且互不同余的数 $x_1, x_2, \cdots, x_n$, 并且计算 $y_1 = f(x_1), y_2 = f(x_2), \cdots, y_n = f(x_n)$.

(3) 对 $i = 1, 2, \cdots, n$, 可信中心将 $\{x_i, y_i\}$ 发送给 P_i, 其中 x_i 为公开的, 而每个 P_i 将得到的 y_i 作为自己的子密钥保密, 即只有他自己知道.

当 n 个人中的 t 个, 不妨设为 $P_1, P_2, \cdots, P_t$, 要恢复主密钥时, 将各自的子密钥放在一起, 则有信息 (x_1, y_1), $(x_2, y_2), \cdots, (x_t, y_t)$. 于是利用前面讲的拉格朗日插值公式, 就可以恢复出 $f(x)$, 进而要求 $f(x)$ 的系数用 0 到 $p-1$ 之间的整数表示. 如果系数比 p 大, 则用它被 p 除所得的余数替换, 这样得到的常数项即为主密钥. 至此, 还需要说明任何少于 t 个人的合谋都得不到主密钥的任何信息. 如果仅知 $r\,(r < t)$ 个人的子密钥, 不妨设这 r 个人为 $P_1, P_2, \cdots, P_r$, 可以仅考虑最极端的情形 $r = t - 1$. 由于不知道 y_t, 所以利用拉格朗日插值公式算得的 a_0 可能是 $\mathbb{Z}_p$ 中的任何一个数. 于是知道 $t-1$ 个子密钥对恢

复主密钥毫无用处, 因为它与直接猜主密钥是 $\mathbb{Z}_p$ 中的哪一个是一回事.

例如, $(3,5)$ 门限密钥共享体制, 参加密钥共享的人记为 $P_1, P_2, \cdots, P_5$. 取 $p=7$, 主密钥 $k=1$. 按照 A. Shamir 的方案, 因为门限为 3, 故可信中心在 $\mathbb{Z}_7$ 中随机取两个数 $a_2=1, a_1=2$, 分别作为二次多项式的二次项系数和一次项系数, 并令常数项 $a_0=k=1$, 即得到二次多项式 $f(x)=x^2+2x+1$. 对于 $x_1=1, x_2=2, x_3=3, x_4=4, x_5=5$, 计算

$$y_1=f(x_1)=f(1)=4 \ (\mathrm{mod}\ 7),$$

$$y_2=f(x_2)=f(2)=9 \equiv 2 \ (\mathrm{mod}\ 7),$$

$$y_3=f(x_3)=f(3)=16 \equiv 2 \ (\mathrm{mod}\ 7),$$

$$y_4=f(x_4)=f(4)=25 \equiv 4 \ (\mathrm{mod}\ 7),$$

$$y_5=f(x_5)=f(5)=36 \equiv 1 \ (\mathrm{mod}\ 7).$$

可信中心将多项式 $f(x)$ 保密, 并将 (x_1, y_1) 秘密地发送给 P_1, (x_2, y_2) 秘密地发送给 $P_2, \cdots, (x_5, y_5)$ 秘密地发送给 P_5. 因为门限为 3, 所以 P_1, P_2, P_3 通过计算下面的 $h(x)$:

$$h(x)=y_1\frac{(x-x_2)(x-x_3)}{(x_1-x_2)(x_1-x_3)}+y_2\frac{(x-x_1)(x-x_3)}{(x_2-x_1)(x_2-x_3)}$$

$$+y_3\frac{(x-x_1)(x-x_2)}{(x_3-x_1)(x_3-x_2)}$$

$$=4\frac{(x-2)(x-3)}{(1-2)(1-3))}+2\frac{(x-1)(x-3)}{(2-1)(2-3)}$$

$$+2\frac{(x-1)(x-2)}{(3-1)(3-2)}$$

$$\equiv 2(x^2-5x+6)-2(x^2-4x+3)+(x^2-3x+2)$$

$$\equiv x^2-5x+8$$

$$\equiv x^2+2x+1 \ (\text{mod } 7) \tag{6.2}$$

得到主密钥 $k=1$, 即多项式的常数项. $P_1,P_2,\cdots,P_5$ 中的任何三个人, 如 P_1,P_2,P_4 或 P_3,P_4,P_5 等, 都可以按照上面的方法恢复出主密钥.

但是, 如果只知道 y_2,y_3, 而不知道 y_1, 则由 (6.2) 式得到

$$h(x)\equiv y_1\frac{(x-2)(x-3)}{(1-2)(1-3))}+2\frac{(x-1)(x-3)}{(2-1)(2-3)}$$

$$+2\frac{(x-1)(x-2)}{(3-1)(3-2)} \ \ (\text{mod } 7).$$

$h(x)$ 的常数项为

$$3y_1-6+2\equiv 3y_1+3\equiv k \ \ (\text{mod } 7),$$

当 $y_1=0$ 时, 算得 $k=3$; 当 $y_1=1$ 时, 算得 $k=6$; 当 $y_1=2$ 时, 算得 $k=2$; 当 $y_1=3$ 时, 算得 $k=5$; 当 $y_1=4$

时, 算得 $k = 1$; 当 $y_1 = 5$ 时, 算得 $k = 4$; 当 $y_1 = 6$ 时, 算得 $k = 0$. 由此看出, 这时 $\mathbb{Z}_7$ 中的任一数都可能是 k. 这说明只知道两个子密钥得不到主密钥的任何信息.

读者可以自己设计, 如 $(2,3)$, $(2,6)$, $(3,6)$ 等门限密钥共享体制.

这里只介绍了一种特殊的密钥共享方式, 即门限方式. 在实际中, 密钥共享方式根据具体要求可能会是各种各样的, 如 5 个人共享密钥, 其中 2 个将军, 3 个校官. 要求 2 个将军, 或至少 1 个将军和 2 个校官合谋, 才能恢复出主密钥, 那么上面 A. Shamir 给出的方案就不适用了, 这个问题留给专业人士去解决.

第7章···········

电子商务

　　信息安全和密码的一个重要应用领域是电子商务. 现实生活中的电子商务应该包括三方面的内容: 管理方面、技术方面和法律法规方面. 例如, 数字签名是否可作法律依据就属于法律方面要研究和解决的问题, 网上开店是否实名制是管理方面要解决的问题. 在本章中, 只涉及电子商务的技术方面的内容.

　　什么是电子商务? 简单地说, 电子商务就是在互联网上通过电子方式进行商务活动. 商务活动包括售前服务、网上支付和售后支持的全过程. 先看看现实生活中的商务活动, 考虑最简单的买与卖的过程.

　　(1) 检查执照. 到一个商店去买东西, 首先顾客得确认商店的合法性. 因为不想在一个黑店里买东西, 在黑店买东西合法权益得不到保障. 如何确认商店的合法性呢? 这可以从它的营业执照来检验, 特别要看营业执照上是否有工商管理局的印章, 执照上还应有营业范

围、法人姓名等. 没有管理部门印章的执照显然是不合法的.

(2) 在确定商家的合法性后, 查看商品和价格, 然后确定要买的东西.

(3) 商家计算好商品的价格, 给顾客一个交款的单据.

(4) 顾客到收银台交款, 收银员要检查所交货款的真伪.

(5) 顾客交款后得到收据, 凭收据取商品.

在这个过程中, 商家没有对顾客进行检验, 只是检验货币的真伪. 如果出示假币, 则可当场拒收. 电子商务实际上就是把上面的过程搬到网上实现, 使得顾客通过计算机和互联网, 在家就可以买到需要的商品, 而不必到商店去当面选择、交费. 如果需要在多家商店买多种商品, 而且有些店离家很远, 那么亲自到各个店中购买既花时间又很辛苦, 在网上购物就明显方便多了, 相信许多人已有这方面的切身体会. 但网上购物最大的问题就是不能当面检验商家的合法性, 因为如果把执照直接放在网上, 或者不易辨识真伪, 或者很容易被人修改. 同时, 顾客订货后反悔, 也会使商家蒙受损失; 订货后, 商

家不发货,顾客也无可奈何.这些情形在网上购买火车票时都出现过.顾客已经订了票,可取票时却被告之没有票,或者车站把票已经预留了,到时候顾客又不要了.这些都给买方或卖方造成一定的损失.因此,网上购物必须解决这些问题.

7.1　电子商务系统的组成

电子商务是由客户、商家、银行、认证中心和互联网,外加支付网关与银行网组成的.他们之间的关系可由图7.1表示.

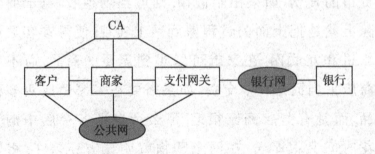

图 7.1　电子商务系统的组成

CA 表示认证中心,它的功能是对商家和客户的身份进行认证.在电子商务中,每个商家都要有数字证书,数字证书的内容包括商家的基本信息,如法人姓名、营

业范围、营业地点、证书的有效期等. 然后, 由一个专门的机构, 称为网关, 用它的私钥对数字证书签名. 这个数字签名的作用相当于通常的印章. 客户要检验商家身份, 要求 CA 帮助. CA 用网关的公钥作用在签了名的证书上, 就可得到有关的信息, 而且可验证该商家是否有合法注册. 注意: 这里总认为 CA 是诚实可信的, 这就相当于总是相信政府的有关执政和执法部门.

图 7.1 中, 商家和客户有往来关系, 认证中心 (即 CA) 要认证客户和商家的身份, 银行不直接与商家和客户联系, 而是通过支付网关. 支付网关可理解为发卡的权威机构. 因为网上有大量的用户, 不可能每一笔交易都要求银行直接处理. 大家可能都有这样的经验, 当在超市购物后排队交钱时, 如果前面有人用信用卡支付, 则往往比用现金支付的人需要更多的时间. 如果每个人都用信用卡支付, 则排队时间会长很多. 这由很多原因造成, 其中一个是银行直接与商家和客户在网上在线联系. 支付网关与银行之间主要作客户的转账支付和商家的钱款存入. 支付网关和银行之间的通信网要求具有很高的安全性, 要作特殊处理, 因此, 这里放上一个银行网. 公共网是指公开的互联网信道.

7.2　电子商务的业务流程

在了解了电子商务系统的构成以后,就可以介绍电子商务的业务流程. 一般来说,一个完整的电子商务过程原则上是按照下面的步骤进行的.

(1) 客户在网上浏览商场,选定商家和要买的商品,然后向商家发送购买请求,如可通过电子邮件发送购买请求.

(2) 商家收到客户的购物请求后, 将自己的证书 (即签名的营业执照) 和对回答客户的内容,包括货品价格、交货日期等签名后发送给客户.

(3) 客户将收到的商家信息送给 CA, CA 认证商家的证书和签名. 对证书认证以鉴别执照的合法性,对签名的认证以鉴别身份的合法性.

(4) 客户收到 CA 的通知,确认了商家身份和得到商家应答后,发出订单报文,报文包括客户签过名的支付请求和客户签名证书.

(5) 商家收到客户应答后,将它发送给 CA,认证客户签名的有效性,包括认证客户身份等.

(6) 商家处理订单信息, 由 CA 完成客户身份认证后

接受订货,商家向客户发送认可报文,同时向支付网关转发客户的支付请求.

(7) 支付网关通过 CA 认证商家证书的有效性和客户支付请求的真实性. 实际上, CA 认证, 是对买、卖双方的身份及进行交易的行为确认. 因为必须经此确认,才能进行下一步账上拨款.

(8) 支付网关向客户银行发送客户授权. 通常,这要在安全信道上进行,当然也可以通过加密达到安全性.

(9) 银行验证客户指令,而后向支付网关发送授权响应.

(10) 支付网关向商家发送授权响应,告知可以进行交易,因为已经确认了客户的银行账户.

(11) 商家发货给客户,数字商品可由网上发货,其他产品则由通常途径发货.

(12) 商家发货后,向支付网关发送结算请求,即要求根据结算单据银行拨款.

(13) 支付网关向银行转发结算请求.

(14) 银行发出结算响应.

(15) 支付网关将银行的结算响应发送给商家,告诉商家银行已完成拨款.

图 7.2 给出了刚才叙述的电子商务系统,也称为电子支付系统流程图. 显然, 数字签名是保证电子商务安全的关键手段之一. 实际上使用的支付系统视情况, 如均为小额支付, 则可能有所简化.

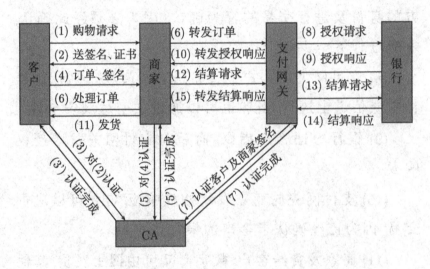

图 7.2　电子商务系统流程图

电子商务在我国的发展非常迅速, 网上购物正成趋势. 在网上交费, 如水电费、手机费等, 已相当普遍. 电子政务, 即利用互联网进行政府办公也正在开展, 如在网上申请企业注册、缴税等. 但是, 认证系统的不够完善及法律效力等都影响了它的使用. 可喜的是, 在法律方面, 我国第十届全国人大常委会第十一次会议于 2004

年 8 月 28 日通过了《中华人民共和国电子签名法》. 这部法规定, 可靠的电子签名与手写签名或者盖章具有同等的法律效力. 这是我国首部真正意义上的信息化法, 它已于 2005 年 4 月 1 日起施行. 2010 年 8 月 8 日, 中国电子商务研究中心发布的监测报告显示, 2010 年上半年电子商务的市场交易额已达 2.25 万亿, 全年将超过 4 万亿. 我们相信, 电子商务在我国将会有更加高速地发展和更加广阔地应用.

参考文献

[1] Kahn D. 破译者 (中译本). 北京: 群众出版社, 1982.

[2] 万哲先, 刘木兰. 谈谈密码. 北京: 人民教育出版社, 1985.

[3] Schneier B. 应用密码学 (中译本). 北京: 机械工业出版社, 2000.

[4] 赖溪松, 韩亮, 张真诚. 计算机密码学. 北京: 国防工业出版社, 2001.

辗转相除法、同余和原根

虽然密码和信息安全需要许多高深的数学,但是要了解密码和信息安全的最基本的模型和算法是可以通过掌握相关的初等数学达到的. 密码和信息安全所需要的初等数学,包括整数、辗转相除法、算术基本定理、同余、原根、指数等概念和性质,在本附录中一一给出,以方便读者阅读. 只要懂得整数的四则运算并具有一定的数学推理能力,就可理解这些内容. 进一步,学习这些内容的过程也是对推理能力的训练.

A.1　整　　数

正整数是大家熟知的,它是指 $1, 2, 3, \cdots$. 用 $\mathbb{N}$ 表示正整数集合, $\mathbb{N} = \{1, 2, 3, \cdots\}$. 整数是由正整数、0 和负整数组成的. 用 $\mathbb{Z}$ 表示整数集合, $\mathbb{Z} = \{\cdots, -3, -2, -1, 0, 1, 2, 3, \cdots\}$. 非负整数是指 0 和正整数的全体,即 $\{0, 1, 2, \cdots\}$.

设 α 是一个实数,用 $[\alpha]$ 表示小于或等于 α 的最大

整数. 例如, $\alpha = 2.4$, $[\alpha] = 2$; $\beta = -3.6$, $[\beta] = -4$; $\gamma = \pi$, $[\gamma] = 3$. 由 $[\alpha]$ 的定义有

$$[\alpha] \leqslant \alpha < [\alpha] + 1. \tag{A.1}$$

这个性质很简单, 但是利用它可得到下面的整数带余除法.

定理 A.1 (整数带余除法) 对任何两个整数 a 和 b, 其中 $b \neq 0$, 则一定存在唯一的两个整数 q 和 r, 满足

$$a = qb + r, \qquad 0 \leqslant r < |b|, \tag{A.2}$$

其中 $|b|$ 表示整数 b 的绝对值. 这时说 a 被 b 除 (或 b 除 a) 得到商为 q, 余数为 r.

证明 如果 $b > 0$, 令 $\alpha = \dfrac{a}{b}$. 由 (A.1) 式有 $0 \leqslant \dfrac{a}{b} - \left[\dfrac{a}{b}\right] < 1$. 于是

$$0 \leqslant a - b\left[\dfrac{a}{b}\right] < b.$$

令 $r = a - b\left[\dfrac{a}{b}\right]$, $\quad q = \left[\dfrac{a}{b}\right]$, 则

$$a = qb + r, \quad 0 \leqslant r < |b|.$$

如果 $b < 0$, 令 $c = -b > 0$. 由上面的讨论, 对于 a 和 c 有 q' 和 r', 满足

116

$$a = q'c + r' = q'(-b) + r', \quad 0 \leqslant r' < |-b| = |b|.$$

令 $q = -q'$, $r = r'$, 于是

$$a = qb + r, \quad 0 \leqslant r < |b|.$$

存在性得证.

唯一性也不难证明. 假设 (q, r) 和 (q', r') 是满足 (A.2) 式的两对整数, 则由 $bq + r = bq' + r'$ 推出 $b(q - q') = r' - r$. 因为 $|r' - r| < b$, 于是 $q = q'$, $r = r'$, 唯一性得证. □

定理 A.1, 就是在小学就学过的整数 $\mathbb{Z}$ 中的带余除法. 它虽然很简单, 但是非常有用, 而且在上面的证明中, 已经给出了求 q 和 r 的方法.

例 A.1 设 $a = 16$, $b = 3$, 则 $\left[\dfrac{a}{b}\right] = \left[\dfrac{16}{3}\right] = 5$, $q = 5$, $r = a - b\left[\dfrac{a}{b}\right] = 16 - 3 \cdot 5 = 1$. 从而 $16 = 5 \cdot 3 + 1$, 商 $q = 5$, 余数 $r = 1$.

例 A.2 设 $a = -16$, $b = 3$, 则 $\left[\dfrac{a}{b}\right] = \left[\dfrac{-16}{3}\right] = -6$. 于是 $-16 = -6 \cdot 3 + 2$, 商 $q = -6$, 余数 $r = 2$.

例 A.3 设 $a = 16$, $b = -3$. 令 $c = -b = 3$, 则 $\left[\dfrac{a}{c}\right] = \left[\dfrac{a}{-b}\right] = \left[\dfrac{16}{3}\right] = 5$, $q' = 5$, $r = 1$. 由 $a = (-q')b + r$ 得到 $16 = (-5) \cdot (-3) + 1$, 商 $q = -5$, 余数 $r = 1$.

若 b 除 a 所得余数 $r = 0$, 即 b 可整除 a, 则称 a 为 b 的倍数, 或 b 为 a 的因数 (或因子), 用 $b|a$ 表示; 若 $r \neq 0$, 即 b 不能整除 a, 用 $b \nmid a$ 表示.

若 b 为 a 的一个因数, 并且 $b \neq \pm 1$ 和 $b \neq \pm a$, 则称 b 为 a 的真因数.

按因数的性质, 可将正整数分为以下三类:

(1) 1, 只有 ± 1 为它的因数.

(2) p, $p \neq 1$, 只有 ± 1 和 $\pm p$ 为它的因数, 即 p 为大于 1 且无真因数的正整数. 这类正整数被称为素数 (prime) 或质数. 例如, 3, 5, 7, 11, 13 等都是素数. 素数在密码学中起着非常重要的作用.

(3) n, 具有真因数的正整数, 例如, 4, 6, 15 等. 称这类正整数为复合数 (composite number). 由两个大素数相乘得到的复合数在密码学中有重要的应用.

能被 2 整除的正整数叫偶数 (even number), 如 2, 4, 6, $\cdots$. 不能被 2 整除的正整数叫奇数 (odd number). 同时为偶数和素数的数称为偶素数, 只有一个偶素数 2, 大于 2 的素数都是奇素数. 在密码学中, 涉及 $p = 2$ 和 $p > 2$ 的素数通常是分别讨论的, 因为这两种情况的相关性质有相当大的差别. 进一步, 在密码学中, 对大素数有偏好,

这就提出了如何判断和选取大素数的问题.

A.2　辗转相除法

两个正整数的最大公因数的概念是大家熟悉的. 在密码学中, 需要能快速地求出两个正整数的最大公因数. 在这里, 给出利用上面的带余除法求两个正整数的最大公因数的算法. 先回忆一下有关定义.

设 a, b, c 为非负整数.

(1) 若 $c \neq 0$, $c|a$, $c|b$, 即 c 同时是 a 和 b 的因数, 则称 c 为 a 和 b 的公因数. 例如, $a = 30$, $b = 105$, 则 3, 5, 15 都是 a 和 b 的公因数.

(2) 若 $a \neq 0$ 或 $b \neq 0$, 即 a 和 b 不同时为 0, 则 a 和 b 的公因数中有一个最大的, 称这个最大的公因数为 a 和 b 的最大公因数, 通常表示为 (a,b) 或者 g.c.d.(a,b). 在本书中, 使用 (a,b). 例如, $a = 30$, $b = 105$, 则 $(a,b) = (30,105) = 15$. 特别地, 当 a 和 b 中有一个为 0 时, 设 $a = 0$, $b \neq 0$, 则 $(a,b) = (0,b) = b$; 而当 $a = b = 0$ 时, (a,b) 是没有意义的, 因为任一个整数都是它们的公因数. 这也是在定义两个整数 a 和 b 的最大公因数时, 假定 a 和 b 不能同时为 0 的原因所在. 若 $(a,b) = 1$, 即 a 和 b 没有大于 1 的公因

数, 则称 a 和 b 互素.

下面讲述求正整数 a 和 b 的最大公因数的**辗转相除法**, 也称为**欧几里得算法**. 事实上, a 和 b 的最大公因数可以表示成 a 与 b 的整系数线性组合, 即有整数 x 和 y, 使得

$$(a, b) = xa + yb. \tag{A.3}$$

(A.3) 式在初等数论和密码学中都非常有用. 用辗转相除法不但可求出 (a, b), 同时还可求出 (A.3) 式中的整系数 x 和 y.

设 $b \neq 0$. 一开始, 将 a 作为被除数, b 作为除数. 为使整个算法的符号统一, 记 $r_{-1} = a$[①], $r_0 = b$, 利用带余除法作 b 除 a, 记商为 q_1, 余数为 r_1, 于是

$$r_{-1} = q_1 r_0 + r_1. \tag{A.4}$$

记 $x_0 = 0, y_0 = 1$, 则

$$r_0 = x_0 a + y_0 b, \tag{A.5}$$

即 r_0 可以表示成 a 和 b 的整系数线性组合.

分下面两种情况讨论:

---

① 这里使用 -1 作为下标是为了表示式的统一性, 这可以从 (A.4)~(A.7) 式等看出.

若 $r_1 = 0$, 则易见 $r_0 = (a, b) = (r_{-1}, r_0) = b$, 并且 (a, b) 关于 a 和 b 的表示式为

$$r_0 = (a, b) = x_0 a + y_0 b,$$

此时计算完成.

若 $r_1 \neq 0$, 记 $x_1 = 1, y_1 = -q_1$, 由 (A.4), 则

$$r_1 = r_{-1} - q_1 r_0 = x_1 a + y_1 b, \tag{A.6}$$

即 r_1 也能表示成 a 和 b 的线性组合.

继续作除法. 将上一次作除法时的除数 r_0 作为被除数, 上一次的余数 r_1 作为除数, 作带余除法. 设商为 q_2, 余数为 r_2, 则

$$r_0 = q_2 r_1 + r_2. \tag{A.7}$$

分下面两种情况讨论:

若 $r_2 = 0$, 则 $r_0 = q_2 r_1$, 故 $r_1 | r_0$. 再由 (A.4) 式知 $r_1 | r_{-1}$, 因此, r_1 为 $r_{-1} = a$ 和 $r_0 = b$ 的公因数, 并且由 $r_1 = x_1 a + y_1 b$ 可以看出, 对于 a 和 b 的任意一个公因数 c 都有 $c | r_1$, 因此, r_1 是 a 和 b 的最大公因数, 即 $(a, b) = r_1$, 并且 (a, b) 关于 a 和 b 的表示式由 (A.6) 式给出,

$$r_1 = (a, b) = x_1 a + y_1 b,$$

121

算法停止.

若 $r_2 \neq 0$, 则由 (A.7) 式得到 $r_2 = r_0 - q_2 r_1$, 将 (A.5) 和 (A.6) 式中 r_0 和 r_1 的表达式代入, 则

$$r_2 = r_0 - q_2 r_1 = (x_0 a + y_0 b) - q_2(x_1 a + y_1 b)$$

$$= (x_0 - q_2 x_1)a + (y_0 - q_2 y_1)b.$$

记 $x_2 = x_0 - q_2 x_1, y_2 = y_0 - q_2 y_1$, 则有 r_2 关于 a 和 b 的整系数线性组合式

$$r_2 = x_2 a + y_2 b, \tag{A.8}$$

进而再以 r_1 作为被除数, r_2 作为除数, 设商为 q_3, 余数为 r_3, 于是

$$r_1 = q_3 r_2 + r_3. \tag{A.9}$$

类似地讨论 $r_3 = 0$ 和 $r_3 \neq 0$ 这两种情况. 若 $r_3 = 0$, 则 $(a, b) = r_2$, 并且由 (A.8),

$$r_2 = (a, b) = x_2 a + y_2 b.$$

若 $r_3 \neq 0$, 根据 (A.6) 和 (A.8) 式, r_1 和 r_2 都可以表示为关于 a 和 b 的整系数线性组合, 即

$$r_1 = x_1 a + y_1 b, \quad r_2 = x_2 a + y_2 b,$$

由 (A.9) 有

$$r_3 = r_1 - q_3 r_2$$

$$= (x_1 a + y_1 b) - q_3 (x_2 a + y_2 b)$$

$$= (x_1 - q_3 x_2)a + (y_1 - q_3 y_2)b.$$

记 $x_3 = x_1 - q_3 x_2, y_3 = y_1 - q_3 y_2$, 则 r_3 关于 a 和 b 的整系数线性组合式为

$$r_3 = x_3 a + y_3 b. \tag{A.10}$$

继续作带余除法, r_2 作为被除数, r_3 作为除数, 设商为 q_4, 余数为 r_4, 则

$$r_2 = q_4 r_3 + r_4. \tag{A.11}$$

若 $r_4 = 0$, 则由 (A.10) 式有

$$(a, b) = r_3 = x_3 a + y_3 b.$$

若 $r_4 \neq 0$, 记 $x_4 = x_2 - q_4 x_3, \quad y_4 = y_2 - q_4 y_3$, 则 r_4 关于 a 和 b 的整系数线性组合式为

$$r_4 = x_4 a + y_4 b. \tag{A.12}$$

再用 r_4 除 r_3. 重复上面的方法, 直到出现余数为 0, 输出上一步的余数及其关于 a 和 b 的整系数线性组合表达式, 算法停止. 由于每作一次除法, 余数都减小, 因此, 在

至多 b 次除法后算法必停止. 输出的余数就是 a 和 b 的最大公因子 (a, b). 因此有如下定理:

定理 A.2 对任意两个正整数 a 和 b, 存在整数 x 和 y, 使得 $(a, b) = xa + yb$.

例 A.4 设 $a = 38, b = 11$, 求 (a, b) 及其关于 a 和 b 的整系数线性组合表达式.

解 令初值 $r_{-1} = a = 38, r_0 = b = 11, x_0 = 0, y_0 = 1$, 用 b 除 a 得商 $q_1 = 3$, 余数为 $r_1 = 5$, 即

$$38 = r_{-1} = q_1 r_0 + r_1 = 3 \cdot 11 + 5,$$

并有 $x_1 = 1$, $y_1 = -q_1 = -3, r_1 = 5 = x_1 \cdot 38 + y_1 \cdot 11 = 1 \cdot 38 - 3 \cdot 11$. 由于 $r_1 \neq 0$, 作带余除法, 用 r_1 除 r_0 得商 $q_2 = 2$, 余数为 $r_2 = 1$, 即 $11 = r_0 = q_2 r_1 + r_2 = 2 \cdot 5 + 1$, 并有

$$x_2 = x_0 - q_2 x_1 = 0 - 2 \cdot 1 = -2,$$
$$y_2 = y_0 - q_2 y_1 = 1 - 2 \cdot (-3) = 7,$$
$$r_2 = x_2 \cdot 38 + y_2 \cdot 11 = 1 = (-2) \cdot 38 + 7 \cdot 11.$$

由于 $r_2 \neq 0$, 作带余除法, 用 r_2 除 r_1 得商 $q_3 = 5$, 余数 $r_3 = 0$, 即 $5 = r_1 = q_3 r_2 + r_3 = 5 \cdot 1 + 0$. 此时 $r_3 = 0$, 所以 $(a, b) = r_2 = 1 = x_2 a + y_2 b = (-2) \cdot 38 + 7 \cdot 11$.

　　上面叙述的求两个正整数 a 和 b 的最大公因数的辗转相除法的过程可用下面的框图 (图 A.1) 给出.

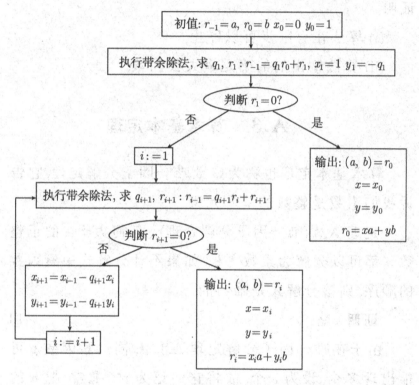

图 A.1　辗转相除法

输入：正整数 a 和 b.

输出：(a, b) 和 x, y, 使得 $(a, b) = xa + yb$.

有兴趣的读者可以自己动手做下面的练习.

　练习 A.1　用辗转相除法求 36 和 7 的最大公因数,

并将其表示成 36 和 7 的整系数组合.

思考题 A.1 证明上面给出的算法的正确性, 即要证明

(i) 算法在有限步可以停止;

(ii) 算法输出的的确是最大公因数.

A.3 算术基本定理

算术基本定理也称为整数唯一因子分解定理, 它告诉我们素数是整数的基本元素.

定理 A.3 (唯一因子分解定理) 任何大于 1 的正整数 n 都可以分解为素数之积. 如果不计分解式中素因数的顺序, 则该分解式是唯一的.

证明 略. □

由于在唯一因子分解定理 A.3 中, 同一素因数 p 可能出现多个, 设为 e 个, 故将它们记为 p^e. 通常, 把 n 的唯一分解式表示为

$$n = p_1^{e_1} p_2^{e_2} \cdots p_l^{e_l}, \tag{A.13}$$

其中 $p_1, p_2, \cdots, p_l$ 为两两不同的素数, $e_1, e_2, \cdots, e_l$ 为正整数, 进而若 $p_1 < p_2 < \cdots < p_l$, 则称 (A.13) 式为 n 的标

准分解式.

例如, 设 $n = 924$, 则 $n = 2^2 \cdot 3 \cdot 7 \cdot 11$.

根据定理 A.3, 任何正整数 n 都可用素数乘积表示. 当 n 比较小时, 得到 n 的素因数分解不困难. 最直观的方法就是用试除法: 先检查素数 2 是不是 n 的因数. 如果是, 再考虑 2 是否为 $\frac{n}{2}$ 的因数, $\cdots$, 直到 2 不是 $\frac{n}{2^{e_1}}$ 的因数, 即 $2\big|\frac{n}{2^{e_1-1}}$, $2\nmid\frac{n}{2^{e_1}}$; 对素数 3 作同样的检查, $\cdots$, 依次做下去, 直到找到 $p_1, p_2, \cdots, p_l$, 使得

$$\frac{n}{p_1^{e_1} p_2^{e_2} \cdots p_l^{e_l}} = 1,$$

就得到分解式 $n = p_1^{e_1} p_2^{e_2} \cdots p_l^{e_l}$.

例如, $n = 10725$, 求 n 的素因数分解式. 先考虑素数 2, 由于 $2 \nmid n$, 检查 3. $\frac{n}{3} = 3,575 = n_1$, 再检查 3 是否是 n_1 的因数. 由于 $3 \nmid n_1$, 于是检查 5 是否为 n_1 的因数, $\frac{n_1}{5} = 715 = n_2$, 再检查 5 是否是 n_2 的因数. 由于 $\frac{n_2}{5} = 143 = n_3$ 和 $5 \nmid n_3$, 接着检查 7 是否为 n_3 的因数. 由于 $7 \nmid 143$, 所以检查 11 是否是 143 的因子, $\frac{n_3}{11} = 13 = n_4$, 而 $n_4 = 13$ 是素数. 于是

$$n = 3n_1 = 3 \cdot 5 n_2 = 3 \cdot 5 \cdot 5 \cdot n_3 = 3 \cdot 5^2 \cdot 11 \cdot n_4 = 3 \cdot 5^2 \cdot 11 \cdot 13.$$

练习 A.2 给出 $n = 642$ 的素因数分解式.

练习 A.3 给出 $n = 2048$ 的素因数分解式.

当正整数 n 较小时, 用试除法分解 n 是可行的. 但是当 n 很大时, 如 n 是一个 200 位的十进制正整数, 这是一个天文数字, 用上面的试除法, 就目前的计算能力, 即使通过互联网把全世界的计算资源都利用起来, 也不可能做到. 实际上, 有时找到 n 的一个素因数都是非常困难的.

整数分解的存在性, 早在公元前 3 世纪欧几里得的《几何原本》中就已有记载, 但是大整数分解的可行性 (即找到一个可执行的算法, 输入大整数, 运行算法, 算法停止时输出该大整数的素因数分解式) 至今都是摆在数学家面前的一道难题. 1993 年, 国际上著名的数学家 A.K.Lenstra 领导一批数学家, 使用数论知识, 给出一个可行算法. 而后动用了因特网上的 600 名志愿者和 1600 台计算机, 花费 8 个月的时间, 成功地分解了一个 129 位的正整数. 分解这个整数的计算量相当于 4 000~6 000 Mips- 年, 其中, Mips- 年表示每秒钟执行 100 万条指令的计算机工作一年时间的计算量. 在 1999 年, 一个研究小组用 A.K.Lenstra 给出的算法, 成功地分解了 155 位的大

整数. 2002 年, 158 位的大整数分解成功, 但算法上仍没有突破. 事实上, 整数分解的发展过程清楚地表明, 只有算法上的突破, 才能使问题的解决向前跨进一步. 据估计, 大整数分解的算法在未来的一些年还很难突破. 密码学家正是基于 200 位以上的大整数分解的困难性, 设计了一个公开密钥密码体制, 详见第 4 章.

A.4 同 余 式

同余式是初等数论的基础内容, 也是密码学家所需要的最基本的数学工具之一. 本节中, 将介绍同余式的基本概念和性质.

设 a 和 b 是两个整数, m 是一个正整数. 如果 a 和 b 的差 $a-b$ 是 m 的倍数, 即 $m|(a-b)$, 则称 a 和 b 模 m 同余 (congruent), 或 a 和 b 同余, 通常用下式:

$$a \equiv b \,(\mathrm{mod}\, m) \tag{A.14}$$

表示. (A.14) 式称为同余式 (congruent expression). 实际上, a 和 b 模 m 同余, 就是用 m 分别去除 a 和 b, 所得余数相同. 证明如下:

用带余除法作 m 除 a, 得到商 q 和余数 r, 于是

$$a = qm + r.$$

m 除 b, 得到商 q' 和余数 r', 于是

$$b = q'm + r'.$$

将上面两式等号两边分别相减, 得到

$$a - b = (q - q')m + (r - r').$$

由此推出 $m|(a-b)$ 当且仅当 $m|(r-r')$. 因为 $0 \leqslant r < m, 0 \leqslant r' < m$, 于是 $|r-r'| < m$, 所以 $m|(r-r')$ 当且仅当 $r - r' = 0$, 即 $r = r'$. 由此, 同余的直观意义就很清楚了.

如果 a 和 b 模 m 不同余, 即 $m \nmid (a-b)$, 则通常用

$$a \not\equiv b \ (\mathrm{mod}\ m)$$

来表示. 显然, 对任意给定的两个整数 a 和 b, 总有 $a \equiv b \ (\mathrm{mod}\ 1)$.

例 A.5 $193 \equiv 3 \ (\mathrm{mod}\ 10)$, $-6 \equiv 1 \ (\mathrm{mod}\ 7)$.

同余式有下面的基本性质:

定理 A.4 设 a, b, c 是任意给定的三个整数, m 是一个正整数, 则

(1) $a \equiv a \ (\mathrm{mod}\ m)$, 称为互反性;

(2) 若 $a \equiv b \ (\mathrm{mod}\ m)$, 则 $b \equiv a \ (\mathrm{mod}\ m)$, 称为对称性;

(3) 若 $a \equiv b \pmod{m}$, $b \equiv c \pmod{m}$, 则 $a \equiv c \pmod{m}$, 称为传递性.

练习 A.4 证明定理 A.4.

定理 A.5 设 a, b, a_1, b_1 为整数, m 为正整数. 假设

$$a \equiv b \pmod{m}, \quad a_1 \equiv b_1 \pmod{m},$$

则

(1) $a + a_1 \equiv b + b_1 \pmod{m}$;

(2) $a \cdot a_1 \equiv b \cdot b_1 \pmod{m}$.

证明 (1) 略.

(2) 因为 $aa_1 - bb_1 = aa_1 - a_1b + a_1b - bb_1 = a_1(a - b) + b(a_1 - b_1)$, 又因为 $a \equiv b \pmod{m}$, $a_1 \equiv b_1 \pmod{m}$, 所以 $m|(a - b)$ 和 $m|(a_1 - b_1)$. 因此, $m|(aa_1 - bb_1)$, 即 $a \cdot a_1 \equiv b \cdot b_1 \pmod{m}$. □

定理 A.6 设 a, b, c, d 为整数, m 为正整数, 如果

$$ac \equiv bd \pmod{m},$$

$$c \equiv d \pmod{m},$$

并且 $(c, m) = 1$, 则 $a \equiv b \pmod{m}$.

证明 由假设条件 $c \equiv d \pmod{m}$ 及定理 A.5(2) 得到 $bc \equiv bd \pmod{m}$. 再由假设条件 $ac \equiv bd \pmod{m}$ 及

定理 A.5(1) 得到 $ac - bc \equiv 0 \pmod{m}$, 即 $m \mid (a - b)c$. 但是 $(m, c) = 1$, 根据唯一因子分解定理, $m \mid (a - b)$, 即 $a \equiv b \pmod{m}$. $\qquad\square$

推论 A.1 如果 $ac \equiv bc \pmod{m}$ 和 $(c, m) = 1$, 则 $a \equiv b \pmod{m}$.

注意: 如果 $(c, m) \neq 1$, 则一般来说, 上面的结论不成立. 例如, $6 \cdot 5 \equiv 9 \cdot 5 \pmod{15}$, 但是 $6 \not\equiv 9 \pmod{15}$.

推论 A.2 设 a 为整数, m 为正整数且 $(a, m) = 1$, 则存在整数 x, 使得 $ax \equiv 1 \pmod{m}$. 如果整数 y 也使得 $ay \equiv 1 \pmod{m}$, 则 $x \equiv y \pmod{m}$.

证明 由于 $(a, m) = 1$, 根据定理 A.2, 存在整数 x 和 y 满足 $xa + ym = 1$. 于是 $m \mid (xa - 1)$, 由此得到 $ax \equiv 1 \pmod{m}$. 如果 $ay \equiv 1 \pmod{m}$, 则 $a(x - y) \equiv 0 \pmod{m}$. 利用推论 A.1 即得到 $x \equiv y \pmod{m}$. $\qquad\square$

在推论 A.2 中, $ax \equiv 1 \pmod{m}$, 称 x 为 a 模 m 的逆. 若 $ay \equiv 1 \pmod{m}$, 则 $x \equiv y \pmod{m}$, 这表明在同余意义下, a 的逆唯一确定, 通常用 $a^{-1} \pmod{m}$ 或 a^{-1} 表示.

例 A.6 设 $m = 3$, $a = 5$, 则 $5^{-1} \pmod 3 = 2$.

证明 由于 $(5, 3) = 1$, 则存在整数 x 和 y, 使得 $5x + 3y = 1$. 利用辗转相除法求得 $x = 2$, $y = -3$. 于是

$5 \cdot 2 \equiv 1 \pmod 3$ 得到 $5^{-1} \pmod 3 = 2$.

利用带余除法, 对一个固定的整数 m, 可将所有整数分为 m 类. 因为任何一个整数,用带余除法被 m 去除,所得的余数只可能是 $0, 1, 2, \cdots, m-1$, 将余数相同的整数放在一起, 称为一个剩余类. 易见, 共有 m 个不同的剩余类,并且任何两个剩余类都不包含公共的整数. 在每类中各取一个数, 称为代表元, 这些代表元的全体称为一个**完全剩余系**(complete residue system). 模 m 的一个完全剩余系是 $\{0, 1, 2, \cdots, m-1\}$. 完全剩余系并不唯一, $\{m, m+1, m+2, \cdots, 2m-1\}$ 也是模 m 的一个完全剩余系. 完全剩余系中的各代表元只要求从每个剩余类中任取一个数即可. 通常用 $\mathbb{Z}_m$ 表示模 m 的 m 个剩余类集合, $\mathbb{Z}_m$ 中的运算由模 m 给出. 确切地说, 当用 $\bar{a}$ 表示模 m 余 a 的剩余类时, 易见, 如果 $a_1 \equiv a \pmod m$, 则 $\overline{a_1} = \bar{a}$. 据此, 定义两个剩余类 $\bar{a}$ 和 $\bar{b}$ 的和 $\bar{a} + \bar{b}$ 为 $\overline{a+b}$, 即模 m 余 a 的剩余类加上模 m 余 b 的剩余类定义为模 m 余 $a+b$ 的剩余类. 由于当 $a_1 \equiv a \pmod m$, $b_1 \equiv b \pmod m$ 时, 有 $a_1 + b_1 \equiv a + b \pmod m$, 推出 $\overline{a_1} + \overline{b_1} = \overline{a_1 + b_1} = \overline{a+b} = \bar{a} + \bar{b}$, 因此, 定义的运算合理, 即不依赖于剩余类中代表元的选取. 顺便说一句, 当定义一个运算时, 首先要验证它的

合理性.

关于模 m 的剩余类有一个简单而重要的性质: 若模 m 的一个剩余类 A 中有一个数 n 与 m 互素, 则 A 中的所有数均与 m 互素. 因为如果 $n' \in A$, 则必有 $n \equiv n' \pmod m$. 于是 n' 可表示为 $n' = n + lm$, 其中 l 为一个整数. 于是对于任何素数 $p, p|(n', m)$ 当且仅当 $p|(n, m)$. 因此, $(n, m) = 1$ 当且仅当 $(n', m) = 1$. 据此, 可以说, A 与 m 互素. 例如, 模 4 的剩余类代表元为 $\{0, 1, 2, 3\}$. 对模 4 余 3 的剩余类中的任一元素 $4l + 3(l \in \mathbb{Z})$, 有 $(4l + 3, 4) = (3, 4) = 1$.

A.5 欧 拉 函 数

由剩余类的概念可以定义欧拉函数. 令 $\phi(m)$ 表示与 m 互素的剩余类的个数, 显然, 它是小于 m 且与 m 互素的正整数的个数, 称 $\phi(m)$ 为**欧拉函数**. 例如, $m = 35$, 则小于 m 且与 m 互素的正整数为

$$\{1, 2, 3, 4, 6, 8, 9, 11, 12, 13, 16, 17, 18, 19, 22, 23, 24, 26, 27, 29, 31, 32, 33, 34\},$$

共 24 个, 于是 $\phi(35) = 24$. 特别地, 如果 $m = p$ 为一个素数, 则 $\phi(p) = p - 1$.

定理 A.7 (欧拉定理) 若 $(k, m) = 1$, 则 $k^{\phi(m)} \equiv 1$ $(\mod m)$.

为了证明欧拉定理并推导下面的欧拉公式, 需要用到缩剩余系的概念.

设 m 为正整数, 在与 m 互素的各剩余类中各取一个代表元, 记为

$$a_1, \quad a_2, \quad \cdots, \quad a_{\phi(m)},$$

称此代表元集合为模 m 的一个缩剩余系, 或简称为缩系 (reduced residue system). 例如, $m = 15$, 模 15 的一个缩剩余系为 $\{1, 2, 4, 7, 8, 11, 13, 14\}$, $\phi(15) = 8$.

引理 A.1 设 a, b 是两个正整数, p 为素数. 如果 $p|ab$, 则 $p|a$ 或 $p|b$.

证明 假设 $p \nmid a$, 则 $(p, a) = 1$, 用辗转相除法可以找到整数 x 和 y, 使得

$$xp + ya = 1.$$

将上式两边都用 b 乘, 得到

$$xpb + yab = b.$$

于是

$$p\left(xb + y \cdot \frac{ab}{p}\right) = b.$$

这表明 p 是 b 的因数, 即 $p|b$. □

性质 A.1 设 m 和 k 是两个正整数, $(k,m)=1$, $a_1, a_2, \cdots, a_{\phi(m)}$ 是模 m 的一个缩系, 则

$$ka_1, \quad ka_2, \quad \cdots, \quad ka_{\phi(m)}$$

也是模 m 的缩系.

证明 首先证明 $(ka_i, m)=1$ $(1 \leqslant i \leqslant \phi(m))$. 用反证法. 如果不然, 则存在素数 p, $p|(m, ka_i)$. 于是有 $p|m$, $p|ka_i$. 已知 $(k,m)=1$, 因此, $p \nmid k$. 根据引理 A.1, 有 $p|a_i$. 但是 $a_1, a_2, \cdots, a_{\phi(m)}$ 是模 m 的一个缩系, 因此, 对于 $1 \leqslant i \leqslant \phi(m)$ 有 $(a_i, m)=1$, 但是 $p|m$, 这表明 $p \nmid a_i$, 得到矛盾. 因此, $(ka_i, m)=1$.

下面只要证明 $ka_1, ka_2, \cdots, ka_{\phi(m)}$ 两两模 m 不同余, 那么它们也就构成模 m 的一个缩系. 用反证法. 假设存在 i, j, $(1 \leqslant i < j \leqslant \phi(m))$, 使得 $ka_i \equiv ka_j \pmod m$. 因为 $(k,m)=1$, 由推论 A.2 得到 $a_i \equiv a_j \pmod m$, 这与 $a_1, a_2, \cdots, a_{\phi(m)}$ 是模 m 的一个缩系矛盾. □

例如, $m=9$, 模 9 的一个缩剩余系为 $\{1,2,4,5,7,8\}$. 取 $k=2$, $(2,9)=1$. 计算 $2 \times 1 \equiv 2 \pmod 9$, $2 \times 2 \equiv 4 \pmod 9$, $2 \times 4 \equiv 8 \pmod 9$, $2 \times 5 = 10 \equiv 1 \pmod 9$, $2 \times 7 = 14 \equiv 5 \pmod 9$, $2 \times 8 = 16 \equiv 7 \pmod 9$. 因此,

$\{2,4,8,10,14,16\}$ 也是模 9 的一个缩系.

证明 (定理 A.7 的证明) 设 a_1, a_2, $\cdots$, $a_{\phi(m)}$ 是模 m 的一个缩系, 根据性质 A.1, ka_1, ka_2, $\cdots$, $ka_{\phi(m)}$ 也是模 m 的缩系, 于是 $ka_1 \equiv a_{i_1}(\bmod\ m)$, $ka_2 \equiv a_{i_2}(\bmod\ m)$, $\cdots$, $ka_{\phi(m)} \equiv a_{i_{\phi(m)}}(\bmod\ m)$, 其中 a_{i_1}, a_{i_2}, $\cdots$, $a_{i_{\phi(m)}}$ 是 a_1, a_2, $\cdots$, $a_{\phi(m)}$ 的一个排列. 根据定理 A.5, 有

$$ka_1 ka_2 \cdots ka_{\phi(m)} \equiv a_1 a_2 \cdots a_{\phi(m)}\ (\bmod\ m),$$

于是

$$k^{\phi(m)} a_1 a_2 \cdots a_{\phi(m)} \equiv a_1 a_2 \cdots a_{\phi(m)}\ (\bmod\ m).$$

由于 a_1, a_2, $\cdots$, $a_{\phi(m)}$ 是模 m 的一个缩系, 因此, $(a_i, m) = 1$, 其中 $i = 1, 2, \cdots, \phi(m)$, 于是 $(a_1 a_2 \cdots a_{\phi(m)}, m) = 1$. 根据推论 A.1, 得到 $k^{\phi(m)} \equiv 1\ (\bmod\ m)$.   □

例如, $m = 15$, $\phi(m) = 8$. 取 $k = 2$, $(2,15) = 1$, 则 $2^8 = 256 \equiv 1\ (\bmod\ 15)$.

欧拉定理是初等数论中的一个非常重要的结果. 当 $m = p$ 是素数时, 得到著名的费马 (Fermat) 小定理.

推论 A.3 (费马小定理) 设 p 为素数, $(k, p) = 1$, 则 $k^p \equiv k\ (\bmod\ p)$.

证明 由定理 A.7 有 $k^{\phi(p)} \equiv 1\ (\bmod\ p)$, 其中 $\phi(p) =$

$p-1$. 因此,

$$k^{p-1} \equiv 1 \pmod{p}.$$

在上式两边同乘以 k, 得到

$$k^p \equiv k \pmod{p}. \qquad \square$$

例如, $p=5$, $k=3$, 则 $3^5 = 243 \equiv 3 \pmod{5}$.

下面讨论对任意给定的正整数 m, 如何计算 $\phi(m)$, 即给出计算 $\phi(m)$ 的欧拉公式.

定理 A.8 设 m, m' 是正整数且 $(m, m') = 1$, 则 $\phi(mm') = \phi(m)\phi(m')$.

证明 略. $\square$

例 A.7 设 $m = 7, m' = 5$, 则 $\phi(35) = \phi(5)\phi(7) = 24$.

设正整数 m 的标准分解式为

$$m = p_1^{e_1} p_2^{e_2} \cdots p_l^{e_l}, \quad p_1 < p_2 < \cdots < p_l. \tag{A.15}$$

则由定理 A.8 有

$$\phi(m) = \phi(p_1^{e_1})\phi(p_2^{e_2}) \cdots \phi(p_l^{e_l}).$$

因此, 要计算 $\phi(m)$, 只要计算出 $\phi(p_i^{e_i})$ 就可以了.

定理 A.9 设 p 为素数, l 为正整数, 则

$$\phi(p^l) = p^l \left(1 - \frac{1}{p}\right).$$

证明 在小于或等于 p^l 的 p^l 个正整数中有 p^{l-1} 个为 p 的倍数, 其他皆与 p 互素. 例如, 小于等于 p^2 的正整数 $1, 2, \cdots, p^2$ 中, 只有 $p, 2p, 3p, \cdots, (p-1)p, p^2$ 这 p 个数是 p 的倍数, 其余 $p^2 - p$ 个数都与 p 互素. 因此,

$$\phi(p^l) = p^l - p^{l-1} = p^l \left(1 - \frac{1}{p}\right). \qquad \Box$$

推论 A.4 (欧拉公式) 令 m 是正整数且具有 (A.15) 式给出的标准分解式, 则

$$\phi(m) = m \left(1 - \frac{1}{p_1}\right) \left(1 - \frac{1}{p_2}\right) \cdots \left(1 - \frac{1}{p_l}\right). \qquad (A.16)$$

证明 由定理 A.8 和定理 A.9, 立即得到 (A.16) 式.

$$\Box$$

例 A.8 $m_1 = 250 = 2 \cdot 5^3, \quad m_2 = 120 = 2^3 \cdot 3 \cdot 5,$

$$\phi(m_1) = 250 \left(1 - \frac{1}{2}\right) \left(1 - \frac{1}{5}\right) = 100,$$

$$\phi(m_2) = 2^3 \cdot 3 \cdot 5 \left(1 - \frac{1}{2}\right) \left(1 - \frac{1}{3}\right) \left(1 - \frac{1}{5}\right) = 32.$$

欧拉函数和欧拉公式在密码学中有非常重要的应用.

A.6　原根和指数

离散对数问题在信息安全和公钥密码学中占有重

要的地位, 具有广泛应用. 要了解信息安全和密码, 必须知道什么是离散对数问题, 并懂得它在信息安全和密码中如何应用. 为此, 要了解原根和指数的概念和基本性质.

定义 A.1 设 n 和 h 是两个整数, $n > 0$, 并且 $(n, h) = 1$, l 是最小的正整数, 使得

$$h^l \equiv 1 \pmod{n},$$

即 $l = \min\{s \mid s$ 是正整数, 并且 $h^s \equiv 1 \pmod{n}\}$. 称 l 为 h 模 n 的**次数**, 或简称为 h 的次数, 用 $l = \mathrm{Ord}_n h$ 表示.

例如, $n = 6$, $h = 5$, 则 $\mathrm{Ord}_6(5) = 2$; $n = 15$, $h = 4$, 则 $\mathrm{Ord}_{15}(4) = 2$; $n = 15$, $h = 2$, 则 $\mathrm{Ord}_{15}(2) = 4$.

下边给出 l 的一个简单性质.

性质 A.2 若 $h^m \equiv 1 \pmod{n}$, 则 $l \mid m$, 其中 $l = \mathrm{Ord}_n h$.

证明 用反证法. 假设 $l \nmid m$, 则用 l 除 m, 有整数 q 和正整数 r, 使得

$$m = ql + r, \quad 0 < r < l.$$

于是

$$h^r = h^{m-ql} \equiv h^{-ql} \equiv (h^l)^{-q} \equiv 1 \pmod{n}.$$

这与 l 的定义矛盾, 从而性质 A.2 成立. □

思考题 A.2 证明定义 A.1 中, h 模 n 的次数一定有限.

练习 A.5 设 $n = 5, h = 2$, 计算 2 模 5 的次数.

下面给出原根的定义.

定义 A.2 设 m, g 为整数, 并且 $m > 0$ 和 $(g, m) = 1$. 如果 $\mathrm{Ord}_m g = \phi(m)$, 其中 $\phi(m)$ 为欧拉函数, 则称 g 为 m 的一个**原根** (primitive root). 特别地, 当 $m = p$ 为一个素数时, 次数为 $p - 1$ 的数是 p 的原根.

例如, $p = 5$, $g = 2$, 计算

$$2^1 \equiv 2 \ (\mathrm{mod}\ 5), \quad 2^2 \equiv 4 \ (\mathrm{mod}\ 5),$$
$$2^3 \equiv 3 \ (\mathrm{mod}\ 5), \quad 2^4 \equiv 1 \ (\mathrm{mod}\ 5).$$

于是 $\mathrm{Ord}_5(2) = 4$, 2 是 5 的一个原根.

通常, 原根并不唯一. 在上例中, 3 也是 5 的一个原根, 但是 4 不是 5 的原根. 原根具有良好的性质, 但是如果原根不存在, 那就没什么意义了. 每当推出一个新的概念时, 第一个问题就要问: 它是否存在. 下面的定理告诉我们, 当 $m = p$ 为一个素数时, 原根是存在的. 这种情形在本书的讨论中就够用了.

定理 A.10 设 p 为素数, 则模 p 不同余的原根有 $\phi(p - 1)$ 个, 其中 ϕ 为欧拉函数.

证明 略.

例 A.9 设 $p = 5$, 则有 $\phi(p-1) = \phi(4) = 2$, 这表明 5 有两个原根. 在前面的例子中, 已经知道, 2 和 3 都是模 5 的原根. 实际上, 它们是全部可能的模 5 的原根, 而 0, 1, 4 都不是原根.

定理 A.10 的证明比较复杂, 这里就不讲了. 定理不但告诉我们原根存在, 还求出了原根的个数. 但是, 定理的证明并没有告诉我们如何去找原根. 实际上, 这个问题有专人研究. 在华罗庚先生所著的《数论导引》一书中列出了 5000 以内的素数的最小原根. 到今天, 已经可计算出 10^{14} 以内素数的原根了. 实际上, 可能已经大大超过这个数了.